W0226772

Speisepilz? – Giftpilz?

ratgeber ht

Besonders Neulingen unter den Pilzsammlern ist in Zweifelsfällen immer die Pilzberatungsstelle in seinem Heimatort zu empfehlen. Hier können sie, besonders zur „Sammlersaison", den fachkundigen Rat der Mitarbeiter einholen.

Speisepilz? - Giftpilz?

Von Prof. Dr. Werner Rauh

Humboldt-Taschenbuchverlag

humboldt-taschenbuch 256
Die Neubearbeitung für diese Taschenbuchausgabe besorgte Dr. Karl-Heinz Willer, Heidelberg
Umschlag: Archiv gruner + jahr („Essen und Trinken“)
64 Farbtafeln: Irmgard Daxwanger
20 Textfiguren

Die im Tafeltext verwendeten Abkürzungen bedeuten:

Frk: = Fruchtkörper
H: = Hut
St: = Stiel
L: = Lamellen
R: = Röhren
Fl: = Fleisch
V: = Vorkommen
N: = Nutzwert, Verwendung
VM: = Verwechslungsmöglichkeiten

Originaltitel: „Unsere Pilze“.
Winters naturwissenschaftliche Taschenbücher Band 1.

Druck: Presse-Druck Augsburg
Printed in Germany
ISBN 3-581-66256-6
1 2 3 4 5 * 7 8 7 6 5

Inhalt

Vorwort

Kein volkstümliches Pilzbuch – noch dazu ein Taschenbuch – kann Anspruch auf Vollständigkeit erheben. So konnte auch mit dieser Auswahl nur ein Teil der in Mitteleuropa beheimateten 2500 Großpilzarten erfaßt werden, – es sind die für den Sammler wichtigsten und verbreitetsten Speise- und Giftpilze.
Auf dem Gebiete pflanzlicher Systematik sind in den letzten Jahrzehnten insbesondere die Pilze intensiv bearbeitet worden. Aufgrund der neugewonnenen Erkenntnisse haben sich die Anschauungen über die natürliche Verwandtschaft dieser Pflanzengruppe grundlegend gewandelt. Eine notwendige Folge davon ist die Verwendung von bislang ungebräuchlichen, neuen wissenschaftlichen Pilznamen, die dem Laien nicht geläufig sind.
Um Pilzfreunden, die weniger mit systematischen und nomenklatorischen Fragen vertraut sind, dennoch ein Auffinden der Pilze zu ermöglichen, wurden neben den neuen Namen auch die bisher gebräuchlichen aufgeführt und in Klammern gesetzt.
Auch der Laie hat Anspruch darauf, am wissenschaftlichen Fortschritt teilzunehmen. In diesem Buch wird darum auch die **systematische Gliederung der Pilze in moderner Form** wiedergegeben. Es handelt sich zweckentsprechend nur um eine Auswahl jener taxonomischen Einheiten, deren Vertreter ausführlicher vorgestellt werden.
Zur Ergänzung der Tafeln und Beschreibungen sind Bestimmungstabellen nach einfachen Merkmalen beigegeben, mit deren Hilfe man zahlreiche Gattungen, bei großen Gattungen auch die verbreitetsten Arten festlegen kann.

Werner Rauh

I. Zehn Ratschläge zum Sammeln von Pilzen

1. Um schnell und sicher die wichtigsten Speise- und Giftpilze kennenzulernen, nehme man an Exkursionen erfahrener Pilzkenner teil; anschließend vergleiche man die gesammelten Pilze in einem mit farbigen Abbildungen versehenen Pilzbuch und präge sich die Merkmale der Arten ein.
2. Man verwende niemals einen Pilz, den man selbst nicht mit Sicherheit kennt oder der von einem zuverlässigen Pilzkenner nicht als unbedingt eßbar bezeichnet worden ist. In Zweifelsfällen lasse man die gesammelten Pilze von den in jeder größeren Stadt zuständigen Pilzprüfern begutachten. Es gibt kein Merkmal, das einen Giftpilz von einem eßbaren unterscheidet: Weder Gestalt noch Verfärbung, Geruch oder Geschmack zeigen die Genießbarkeit oder Giftigkeit von Pilzen an. Allein deren Kenntnis schützt vor Schaden.
3. Weiße Pilze des Waldes schneide man niemals ab, sondern hebe sie vorsichtig aus der Erde heraus, um durch Prüfung der Knolle Verwechslungen mit giftigen Knollenblätterpilzen zu vermeiden. Rote und gelbe Täublinge koste man; schmecken sie mild, so kann man sie nehmen; sind sie von scharfem oder bitterem Geschmack, so lasse man sie stehen.
4. Man sammle nur junge und gesunde Exemplare. Alte, von Maden zerfressene, in Verwesung übergegangene oder vertrocknete Pilze sind zu meiden, da sie leicht Verdauungsstörungen und sogar Vergiftungen hervorrufen können. Seltene Pilzarten (z. B. der Kaiserpilz, Taf. 13, links), sollten geschont werden, auch wenn sie eßbar sind.
5. Die im Boden wachsenden Pilze sollen vorsichtig herausgedreht werden, nur auf Holz wachsende Arten werden abgeschnitten.

6. Man reinige die gesammelten und mit Sicherheit als eßbar erkannten Pilze bereits an Ort und Stelle, säubere sie von Sand, Laub- und Nadelresten, entferne zu harte Stiele und ziehe bei Pilzen mit schmieriger Oberhaut diese sofort ab. Pilze sollten schon beim Sammeln so sauber bleiben, daß sie zu Hause nicht gewaschen zu werden brauchen. Sie saugen dabei sehr viel Wasser auf und verlieren an Wohlgeschmack.
7. Blätter und Röhren der Hutunterseite junger Pilze entferne man nicht, da gerade die Fruchtschicht als besonders reich an Nährstoffen und Nährsalzen gilt.
8. Pilze sollen nicht gedrückt werden; deshalb sammle man größere Mengen nicht in einen Beutel, sondern in einen Korb (oder Karton).
9. Will man Pilze ungekocht aufheben, so lagere man sie luftig, trocken und kühl. Nach Möglichkeit aber sollten sie noch am gleichen Tage zubereitet werden.
10. Pilze, die man nicht mitnimmt, zerschlage man nicht in sinnloser Weise. Es gibt viele Menschen, die diese zwar nicht sammeln, sich aber an ihrer Schönheit erfreuen!

II. Grundzüge des Baues und Lebens der höheren Pilze[1]

Die Pilze sind eine recht eigenartige Gruppe von Pflanzen, die nicht nur beim Fachbotaniker, sondern ihrer Genießbarkeit zufolge auch bei vielen Laien Interesse finden. Mit ca. 50 000 Arten (die niederen Pilze einbegriffen) erreichen sie nicht die Zahl der Blütenpflanzen und zeigen gleich diesen einen großen Formenreichtum. Lassen schon die ›höheren‹ Pilze, wie wir sie im Sommer und Herbst im tiefen Waldesdunkel, in lichten Gebüschen und auf Wiesen finden und mit denen das vorliegende Buch sich ausschließlich beschäftigt, eine große Vielgestaltigkeit erkennen, so wird diese fast ins Unendliche bei all jenen Pilzen gesteigert, die so klein sind, daß wir sie nur mit Hilfe des Mikroskopes sehen können, und gerade diese mikroskopischen Pilze machen die Mehrzahl aus.

Das Pilzmycel

Dem Laien und Pilzsammler sind gewöhnlich nur die ›höheren‹, mancherorts schlechthin als ›Schwämme‹ oder ›Schwammerln‹ bezeichneten Pilze bekannt, die mit dem Einsetzen feuchtwarmer Witterung über Nacht aus dem Boden ›schießen‹, um ebenso schnell wieder zu verschwinden. Das, was wir gewöhnlich als ›Pilz‹ bezeichnen, ist indes nicht die ganze Pflanze, sondern nur ein Teil davon, nämlich der Fruchtkörper (Fig. 1, *F*), vergleichbar etwa der Frucht einer Blütenpflanze; der eigentliche Pilz dagegen lebt unterirdisch und bleibt unsichtbar. Nehmen wir im Herbst einen solchen Fruchtkörper vorsichtig aus dem lockeren

[1] Eine systematische Übersicht der einzelnen Pilzgruppen findet sich auf S. 47 ff.

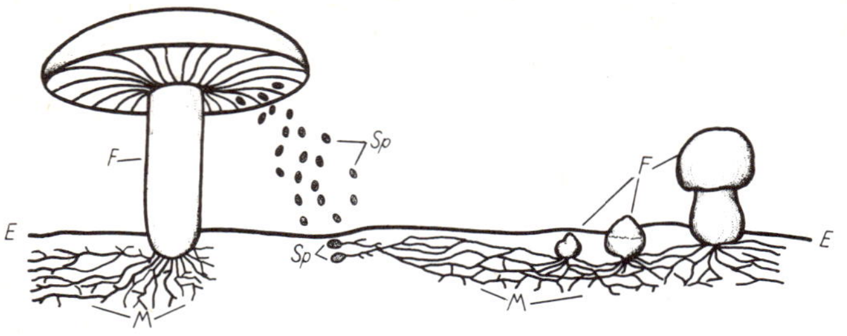

Fig. 1. Schema der Entwicklung eines Lamellenpilzes *F* Fruchtkörper; *Sp* Sporen; *M* Mycel; *E* Erdboden (etw. verändert nach Jahn).

Humus des Waldbodens, so kann man an der Basis seines Stieles ein feines, weißes, spinnwebenartiges Geflecht zarter Fäden erkennen (Fig. 1, *M*), das oft meterweit den Boden durchspinnt. Man kann sich hiervon leicht überzeugen, wenn man die vermodernde Laubdecke abhebt. Dieses sogen. Pilzmycel, ein Geflecht reich verzweigter, mikroskopisch feiner, aus langgestreckten Zellen bestehender und als Hyphen bezeichneter Fäden, ist demnach die eigentliche Pflanze, die zu gewissen Zeiten des Jahres fortgesetzt Pilze, also Fruchtkörper, erzeugt (Fig. 1, Fig. 12). Das Mycel ist damit den Vegetationsorganen einer ausdauernden Blütenpflanze zu vergleichen, die alljährlich Blüten und Früchte hervorbringen. Daß wir es in der Tat mit dem ›Fruchtkörper‹ zu tun haben, zeigt folgender kleiner Versuch: Schneiden wir den Hut eines Pilzes ab und legen ihn mit seiner Unterseite auf einen Bogen Papier, so stellen wir am nächsten Morgen fest, daß sich, gewissermaßen als genaues Abbild der Hutunterseite, eine feine Staubschicht von weißer, rötlicher, gelbbrauner, violettbrauner oder schwarzer Färbung findet. Betrachten wir etwas von diesem Staub im Mikroskop, so sehen wir einzelne Gebilde, die Pilzsporen (Fig. 2, *I*), die bei den Blätterpilzen einen durchschnittlichen Längsdurchmesser von 0,01 bis 0,02 mm erreichen[1]. Größe Form und Farbe der Sporen sind für

[1] Die Sporengröße wird in der Pilzliteratur in μ angegeben, wobei $^1/_{1000}$ mm = 1 μ bedeutet; 0,02 mm sind also 20 μ.

die einzelnen Pilzarten so charakteristisch, daß sie zu deren Bestimmung, insbesondere zur Unterscheidung kritischer Arten, herangezogen werden können. Es sei deshalb ernsthaften Pilzsammlern angetan, sich eine Sammlung mikroskopischer Sporenpräparate anzulegen.

Jeder größere Pilz bringt an seinem Fruchtkörper eine ungeheure Menge von Sporen hervor (Fig. 1, *Sp*). So wird deren Anzahl für den Edelpilz mit 2, für den Schopftintenpilz mit 5 Milliarden und für den Riesenbovist mit 5–6 Billionen angegeben. Trotz ihrer geringen Größe würden die Sporen des letzteren in ihrer Gesamtheit hintereinandergelegt etwa den halben Erdumfang ergeben. Die ungeheure Produktion an Sporen, die ihrer Leichtigkeit zufolge durch den Wind verbreitet werden, ist von großer Bedeutung, da nur wenige an den Ort gelangen, an dem sie sich weiterentwickeln können. Fallen sie aber auf ein geeignetes Substrat und finden hier genügend Feuchtigkeit, so beginnen sie zu keimen. Die derbe Sporenhaut platzt auf, und ihr Inhalt wächst zu einem Keimschlauch aus, der sich bald weiter verzweigt (Fig. 2, *II–III*) und als lockeres Hyphengeflecht, eben als Mycel, den Boden nach allen Seiten hin durchzieht (Fig. 1).

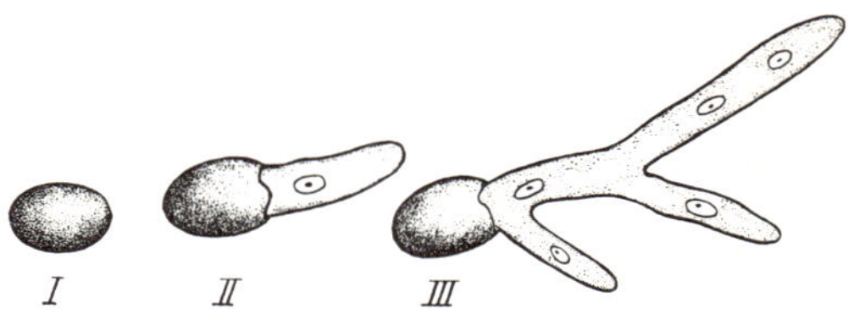

Fig. 2. Sporenkeimung und Mycelentwicklung.

Die Mycelfäden bestehen aus Zellreihen, die sich im Gegensatz zu denen der starren Fruchtkörper durch große Zartheit auszeichnen. Nimmt man das Mycel aus dem Boden, so fällt es in sich zusammen; es bedarf auch keines festeren Baues, da es von den umgebenden Bodenpartikelchen von allen Seiten gestützt wird. Das Mycel hat etwa die gleiche Aufgabe wie Wurzeln und

Blätter der Blütenpflanzen; es dient also der Versorgung mit Nährstoffen, sowohl mit anorganischen als auch organischen. Im Gegensatz zu den meisten anderen Pflanzengruppen fehlt den Pilzen – sowohl dem Mycel wie auch dem Fruchtkörper – jede Spur von Blattgrün (Chlorophyll). Sei sind deshalb nicht in der Lage zu assimilieren, d. h. mit Hilfe des Blattgrüns und des Sonnenlichts aus Wasser und Kohlendioxyd der Luft lebensnotwendige organische Substanz aufzubauen. Es ist somit den Pilzen – gleich den Tieren und Menschen – nur möglich, sich von bereits vorhandenen organischen Substanzen zu ernähren, und diese finden sie im Boden in reichlicher Menge in Form faulender und verwesender pflanzlicher und tierischer Reste. Die meisten höheren Pilze sind deshalb Moder- oder Verwesungspflanzen (Saprophyten), die den Waldboden bevorzugen, denn dieser ist besonders reich an verwesender organischer Substanz (Humus). Da die Pilze auch kein Licht zum Leben bzw. zum Aufbau organischer Stoffe benötigen, vermögen sie noch im tiefsten Dunkel des Waldes zu gedeihen.

Neben diesen rein saprophytischen Pilzen gibt es auch solche, die ihre lebensnotwendigen Nährstoffe nicht aus faulender Substanz gewinnen, sondern sie lebenden Pflanzen entziehen. Es sind die parasitischen Pilze. Hierzu gehören vor allem die holzzerstörenden Arten, die auf lebenden Bäumen wachsen und deren Holz allmählich vermorscht.

Ist das Mycel eines Pilzes genügend erstarkt, so schreitet es unter dem Einfluß bestimmter Außenbedingungen, wozu auch das Vorhandensein gewisser Wuchs- und Wirkstoffe gehört, zur Bildung von Fruchtkörpern, ein Vorgang, der sich bevorzugt im Spätsommer und Herbst (seltener im Frühjahr), also zur ›Hauptpilzzeit‹ abspielt. Die Zahl der erscheinenden Pilze hängt dabei in erster Linie von der Höhe der Niederschläge und der Temperatur ab. Bei Trockenheit und kühlem Wetter sind bekanntlich viel weniger Pilze zu finden als bei feucht-warmer Witterung.

Zu Beginn der Fruchtkörperbildung verdichtet sich das Mycel zu einem kompakten, als Plectenchym bezeichneten Gewebe, das auf mikroskopischen Querschnitten ein an die Gewebe (Parenchyme) höherer Pflanzen erinnerndes Bild ergibt. Man spricht deshalb auch von einem Pseudoparenchym. Von einem echten

Parenchym unterscheidet sich dieses darin, daß die benachbarten Zellen nicht durch Zellteilung, sondern durch innige Verflechtung vieler selbständiger Hyphen entstanden sind (Fig. 3, links). Zuweilen vereinigen sich zahlreiche nebeneinanderliegende Mycelfäden zu dicken Fasersträngen, die auf Grund ihrer Ähnlichkeit mit den Wurzeln von Blütenpflanzen als Rhizomorphen[1] bezeichnet werden. Solche wurzelartigen Stränge kann man deutlich bei der Stinkmorchel, beim Hallimasch, vor allem aber bei dem berüchtigten, holzzerstörenden Hausschwamm beobachten.

Die Zellwände der Hyphen bestehen nicht wie bei den Blütenpflanzen aus Zellulose, sondern aus Chitin, einer Substanz, die auch die feste, hornartige, schwer verwesliche Hülle des Insektenkörpers bildet.

Bei einigen Löcherpilzen wird die Hyphenwand aus kork- und holzartigen Stoffen gebildet. Insgesamt jedoch sind die meisten Fruchtkörper von fleischiger, ledriger, seltener von holziger Beschaffenheit (gewisse *Poriales*) und lassen häufig eine ana-

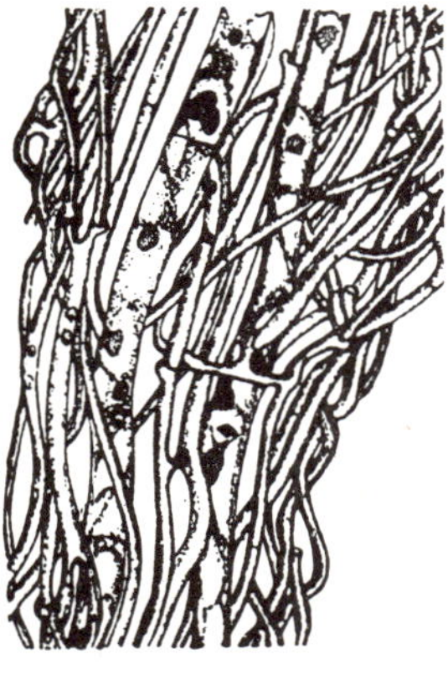

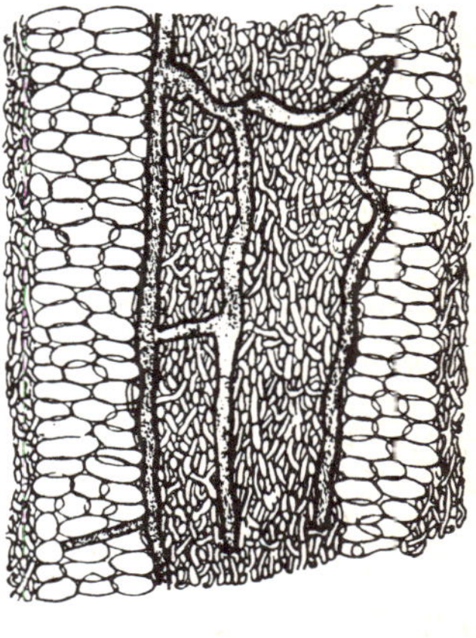

Fig. 3. links: Mycelstrang eines Schirmpilzes mit dickeren Gefäßhyphen und dünneren Mantelhyphen. rechts: Längsschnitt durch den Stiel eines Milchlings mit Milchgefäßen (nach Greis).

[1] griech.: rhiza = Wurzel, morphe = Gestalt.

tomische Differenzierung in eine derbe Außenrinde und ein zartes inneres, markartiges Gewebe erkennen. Bei einigen Gattungen (*Lactarius* und *Fistulina*) kommt es außerdem zur Ausbildung saftführender Hyphen. Das sind lange, vielfach verzweigte, oft ungleichmäßig dicke Hyphen (Fig. 3, rechts), die einen wäßrigen oder milchartigen, nicht selten gefärbten Saft führen. *Armillariella mellea,* der Hallimasch, besitzt in seinem Mycel eine photogene Substanz, die das Leuchten des vom Pilz befallenen Holzes verursacht.
Auf eine recht auffällige Erscheinung sei noch hingewiesen, nämlich auf die Bildung der sogen. Hexenringe. Bei einer Reihe von Pilzen breitet sich das Mycel von dem Punkte, an dem die Spore keimt, ziemlich regelmäßig kreisförmig aus. Während nun die älteren Teile des Mycels infolge Nahrungsmangel zugrunde gehen, wächst dieses an der Peripherie ständig fort, so daß ein Mycelkreis entsteht, dessen Durchmesser jährlich um 20 cm bis 1,5 m zunehmen kann. Hat jetzt das Mycel einen gewissen Bezirk des nährstoff- und wirkstoffhaltigen Bodens durchwachsen, so setzt die Bildung von Fruchtkörpern ein, die dem kreisförmigen Wachstum des Mycels zufolge in ringförmiger Anordnung auftreten. Es entstehen die bekannten Hexenringe, die in früheren Zeiten Anlaß zu allerlei abergläubischen Vermutungen gegeben haben. So nahm man an, daß Hexen an dieser Stelle ihre nächtlichen Tänze abhielten. Hexenringe bilden sich nur auf ebenem Boden bei gleichmäßiger Bodenbeschaffenheit. Sie haben in der Regel einen Durchmesser von 1–8, seltener bis zu 30 m. Zur Ringbildung neigen besonders der Suppenpilz, Violetter Ritterling, Feld-Edelpilz, Schirmpilz, Trichterpilz u. a. An der Stelle, an der die Fruchtkörperbildung stattgefunden hat, tritt nun eine Verarmung des Bodens an Nähr- und Wirkstoffen ein, so daß sich ein weiterer Ring von Fruchtkörpern erst dann bilden kann, wenn das Mycel in neue, nährstoffreiche Bodenbezirke vorgedrungen ist. Erfolgt das Wachstum des Mycels unregelmäßig und ist die Nährstoffverteilung im Boden ungleich, so entstehen statt der Ringe gerade oder bogenförmig gekrümmte Reihen von Pilzen.

Der Fruchtkörper

Die wesentlichste Aufgabe der Fruchtkörper, deren Form bei den einzelnen Pilzgruppen recht verschieden sein kann, besteht in einer Verbreitung und Vermehrung der betreffenden Pilzart; sie sind die Träger der auf S. 10 erwähnten mikroskopisch kleinen Sporen. Diese entstehen in besonderen, als Hymenien bezeichneten Fruchtschichten (S. 22).

Die zur Fruchtkörperbildung führenden Bedingungen, wozu u. a. Feuchtigkeit und Wärme gehören, sind noch recht wenig bekannt. Darum gelingt es auch selten, die Entwicklung eines höheren Pilzes im Laboratorium von der Sporenkeimung bis zur Fruchtkörperbildung zu verfolgen.

In der Natur vollzieht sich das Wachstum der Fruchtkörper, die zuweilen recht beachtliche Ausmaße und Gewichte erreichen können, außerordentlich rasch. Man spricht deshalb auch mit Recht von einem ›Aus-dem-Boden-Schießen‹ der Pilze.

Hinsichtlich der äußeren Gestalt des Fruchtkörpers herrscht eine große Mannigfaltigkeit: sie sind von kugeliger Form (Taf. 58); strauch- oder korallenartig verzweigt (Korallenschwämme, Taf. 55–56), keulenförmig (Keulenschwämme, Taf. 57) krusten- oder konsolenförmig (viele Löcherpilze), scheiben-, schüssel- oder becherförmig (Becherpilze, Taf. 62). Die meisten Pilze aber, mit denen es der Sammler zu tun hat, zeigen eine Gliederung in einen Stiel und einen Hut. Sie heißen deshalb auch Hut- oder Ständerpilze. Mit diesen wollen wir uns zunächst beschäftigen.

Der Stiel steht entweder genau in der Mitte des Hutes, also zentrisch (Fig. 4, *I*) oder er ist seitlich (exzentrisch, Fig. 4, *II*) oder gar seitenständig (Fig. 4, *III*) am Hut befestigt. Er hat die Aufgabe, das sporenbildende Gewebe so weit über den Erdboden zu bringen, daß eine ungehinderte Sporenausstreuung gewährleistet wird. An jungen Pilzen ist der Stiel deshalb noch kurz und dick, von knolliger oder kugeliger Gestalt. Während der Entfaltung aber streckt er sich in die Länge und nimmt dabei eine mehr oder weniger zylindrische (Fig. 5, *I*) bzw. keulige (Fig. 5, *II*) Form an. Bei den Täublingen ist der Stiel an der Basis abgerundet (Fig. 5, *I*), bei anderen, z. B. bei den Rüblingen, wurzelartig verlängert und dringt 10–40 cm tief in den Boden ein (Fig. 5, *III*), bei vielen Wulstlingen an der Basis knollig verdickt (Fig. 5,

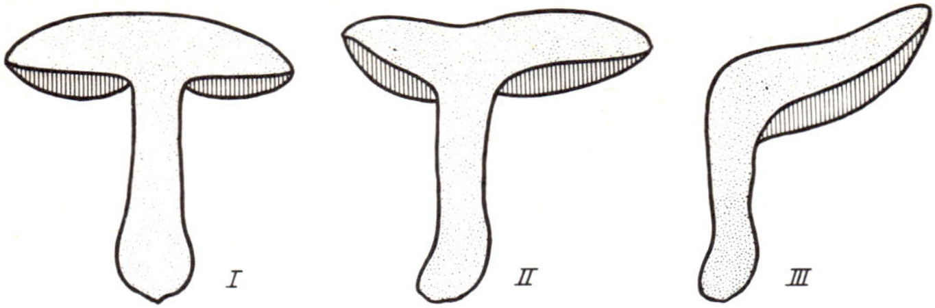

Fig. 4. Schema der Stielanheftung bei Blätterpilzen: *I* Der Stiel entspringt der Hutmitte (zentrische Anheftungsweise), *II–III* Der Stiel ist dem Hut mehr oder weniger seitlich (exzentrisch) inseriert.

IV) oder trägt eine häutige Scheide (Wulstlinge, Scheidenpilze; Fig. 5, *V*) und unterhalb des Hutes nicht selten einen Ring oder eine Manschette (Fig. 7, *II* 2).

Nach seiner inneren Beschaffenheit ist der Stiel weich und brüchig oder elastisch und zäh, voll oder hohl. Sehr viel Pilze, z. B. die holzbewohnenden *Porlings*-Arten, können auf ihn ganz verzichten.

Ein wichtiges Merkmal zur Unterscheidung einzelner Arten bietet dem Anfänger die Form des Hutes: Dieser ist kegelig (Fig. 6, *I*), glockig (*II*), halbkugelig (polsterförmig, *III*), gewölbt (*IV*), abgeflacht (*V*) oder schüsselförmig (*VII*). Trägt der verflachte Hut in der Mitte eine buckel- bis knopfförmige Erhebung, so bezeichnet man ihn als gebuckelt (*VI*); ist die Hutmitte mit einer Vertiefung versehen, so spricht man von einem trichterförmigen (*VIII*), ist die Vertiefung sehr ausgeprägt, von einem genabelten Hut (*IX*). Seine Oberfläche kann die mannigfaltigste Beschaffenheit aufweisen: sie ist glatt oder rauh, glänzend oder matt, trocken oder schleimig-schmierig, kahl oder filzig, samtig, flockig oder beschuppt, gestreift oder gerieft, zuweilen auch gezont, indem konzentrische Ringe verschiedener Farbtönungen miteinander abwechseln.

Hinsichtlich der Hutfärbung wird die gesamte Farbskala vom reinen Weiß über Gelb, Rot, Grün und Violett durchlaufen. Nur reines Blau und reines Schwarz fehlen.

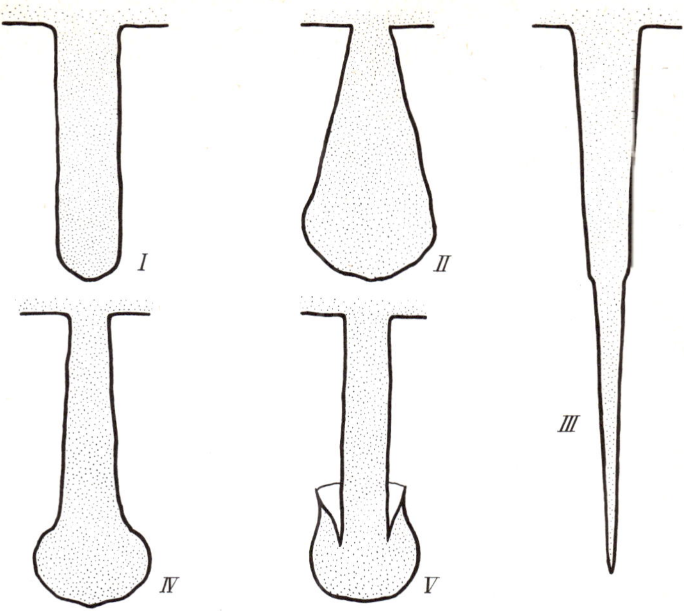

Fig. 5. Stielformen: *I* walzlich, *II* keulig, *III* wurzelähnlich verlängert, *IV* mit knolliger Basis, *V* mit knollig-scheidiger Basis.

Nach der Beschaffenheit der den Hut aufbauenden Hyphen ist dieser fleischig-saftig, trocken, zäh, ledrig, holzig, knorpelig oder gallertig.

Die meisten Pilze sind einhütig; es gibt indessen auch mehrhütige, bei denen einem gemeinsamen, fleischigen, verästelten Stamm zahlreiche Hüte entspringen, wodurch der Fruchtkörper das Aussehen eines kleinen Bäumchens annimmt. Beispiel hierfür ist der auf Taf. 50 abgebildete Eichhase (*Polypilus umbellatus*).

Hüllenbildungen bei den Basidiomyceten

Ein weiteres, für die Bestimmung einzelner Arten wichtiges Merkmal sind die Fruchtkörperhüllen, welche die junge Frucht-

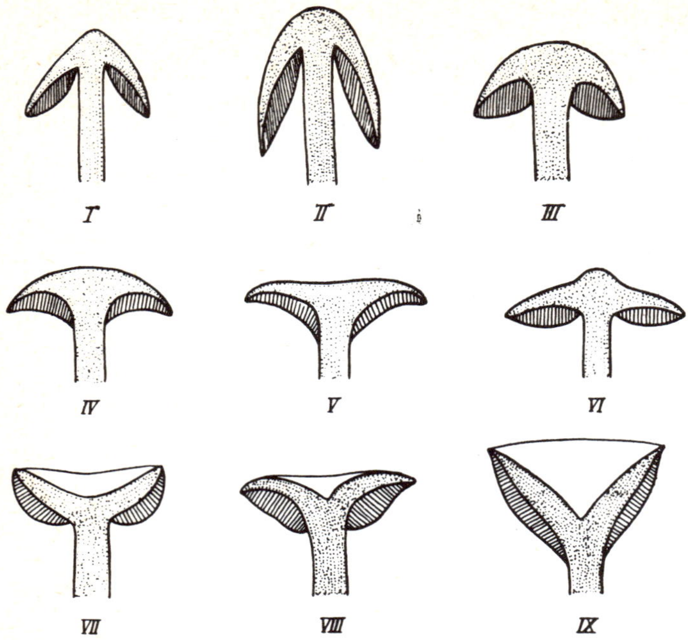

Fig. 6. Hutformen bei Blätterpilzen. *I* kegelig; *II* glockig; *III* halbkugelig (polsterförmig); *IV* gewölbt; *V* abgeflacht; *VI* gebuckelt; *VII* schüsselförmig; *VIII* genabelt, *IX* trichterförmig vertieft.

schicht, das Hymenium, anfangs schützend einhüllen. Je nachdem die Hymenien die freie Außenseite der Fruchtkörper bekleiden oder in deren Inneres verlagert sind, lassen sich drei Gruppen unterscheiden:

a) Gymnokarpe Fruchtkörper: Das Hymenium bildet sich frei an der Fruchtkörperoberfläche und bleibt während der ganzen Entwicklung frei. Von den Hymenomyceten gehören hierher: *Clavariaceae, Hydnaceae, Poriales* und einige *Boletaceae* sowie *Tremellaceae.*

b) Hemiangiokarpe Fruchtkörper: Die Hymenien junger Fruchtkörper sind von besonderen Hüllen geschützt und werden erst kurz vor der Sporenausstreuung frei: *Agaricaeae* und viele *Boletaceae.*

c) Angiokarpe Fruchtkörper: Die Hymenien werden im Innern der Fruchtkörper angelegt, und die reifen Sporen können erst nach ihrem Zerfall oder mit Hilfe besonderer Einrichtungen, wie durch Bildung von Löchern, ausgestreut werden: viele Bauchpilze (*Gasteromycetidae*).

Die Mehrzahl der *Hymenomyceten* gehört dem hemiangiokarpen Typus an. Innerhalb desselben werden verschiedene Formen der Hüllenbildung unterschieden:

α) Die einfachste Form der Hüllenbildung ist in Fig. 7, *I 1* abgebildet: der jugendliche Hutrand rollt sich gegen den Stiel hin ein und überdeckt das junge Hymenium. Nach der Entfaltung des Hutes liegt das Hymenium frei (Fig. 7, *I 2–3*).

β) Bei einer Reihe von Pilzen spannt sich zwischen Hut und Stiel eine aus sterilen Hyphen bestehende Haut aus, die als Schleier oder Velum partiale bezeichnet wird. Dieser kommt dadurch zustande, daß die Hyphen des Hutrandes über diesen hinaus wachsen und mit dem Stiel in Verbindung treten Fig. 7, *II 1*). Wenn sich z. Z. der Sporenreife der Hut entfaltet und der Stiel streckt, so wird das Velum partiale zerrissen. Bei manchen Gattungen (*Coprinus*, *Lactarius*, *Marasmius*) ist der Schleier sehr vergänglich und schon nach kurzer Zeit nicht mehr nachzuweisen. Bei anderen Gattungen besteht dieser nur aus zarten Fäden und bleibt nach dem Zerreißen in Form spinnwebiger Fäden, als Cortina, am Hutrand oder am Stiel zurück (Fig. 7, *II 3*). Bei wieder anderen Gattungen dagegen (*Agaricus*, *Macrolepiota*, *Suillus luteus* u. a.) ist der Schleier sehr derb und findet sich nach dem Abreißen vom Hutrand als Kragen, Manschette oder Ring (Annulus) am Stiel (Fig. 7, *II 2*). Reißt das Velum partiale sowohl am Hutrand als auch am Stiel ab, so ist der Ring am Stiel verschiebbar (Annulus mobilis: manche *Lepiota-*, *Armillariella-* und *Coprinus*-Arten).

γ) Bei einer 3. Gruppe von Pilzen schließlich findet sich außer dem Velum partiale als weitere Hülle ein Hyphengeflecht, welches die gesamte, anfangs kugelige Fruchtkörperanlage wie eine Eischale das Ei umschließt. Es wird als die äußere Hülle oder das Velum universale (Fig. 7, *III 1*) bezeichnet. Streckt und entfaltet sich der junge Pilz, so wird die Hülle gesprengt. Ihr oberer Teil verbleibt entweder in Form leicht

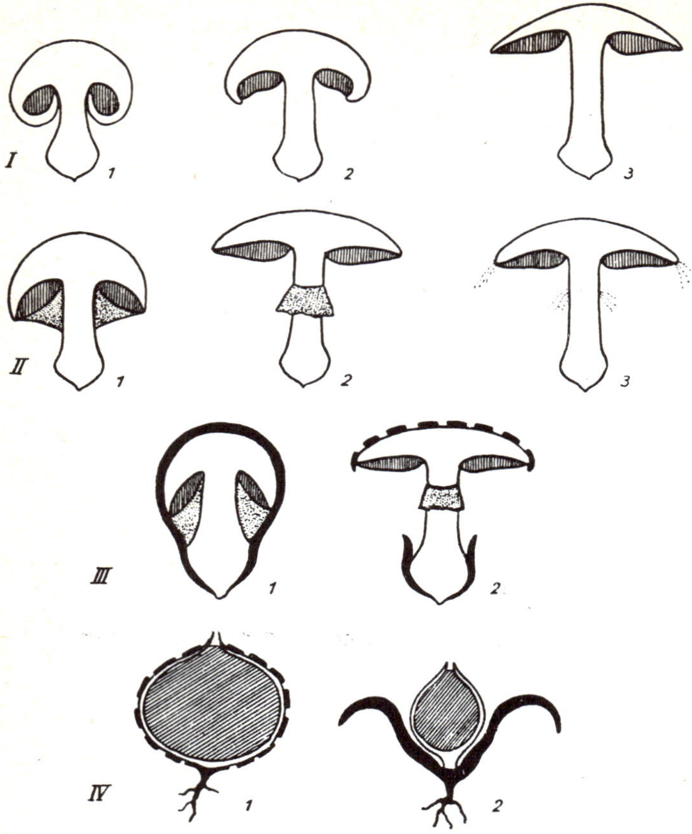

Fig. 7. Hüllenbildungen bei den **Hutpilzen.** *I* Das Hymenium wird in der Jugend durch den eingerollten Hutrand geschützt und ist nach Entfaltung des Hutes *(I 2–3)* frei auf der Unterseite des Hutes. *II* Das junge Hymenium ist durch sterile Hyphenschicht (Velum partiale), die sich zwischen Hutrand und Stiel ausspannt (*1* punktiert), geschützt. Nach Entfaltung des Hutes bleibt diese als Ring oder Manschette *(2)* bzw. als fädiger Schleier, am Stiel und Hutrand zurück *(3)*. *III* Der gesamte Fruchtkörper ist von einer sterilen Hyphenschicht (Velum universale) eingehüllt (*1* schwarz), die nach dessen Entfaltung als Schuppen auf dem Hut und als lappige Scheide (Volva) an der Stielbasis zurückbleibt *(2)*. *IV* Hüllenbildungen bei den **Bauchpilzen;** *1* bei Bovisten; die äußere Hüllschicht (Peridie) löst sich schuppenförmig ab; *2* bei Erdsternen; die äußere Peridie reißt in sternförmigen Lappen auf. (Sporenbildendes Gewebe schraffiert).

abwischbarer Schuppen oder Fetzen auf der Hutoberfläche zurück (Gelber Knollenblätterpilz, Fliegenpilz, Pantherpilz, Perlpilz, Scheidenpilz) oder verschleimt und bildet an den älteren Hüten den schmierigen Überzug. Der basale Teil dagegen bleibt entweder als scharf vom Stiel abgesetzte und abstehende Volva oder Scheide (Knollenblätterpilze, Pantherpilz, Scheidenpilz, Fig. 7, *III 2*) oder in Form von Flocken- oder Warzenkränzen (Fliegenpilz, Perlpilz, s. auch Fig. 20) zurück. Da die Volva-Bildung ein sehr wichtiges Merkmal ist und zur Unterscheidung der giftigen Knollenblätterpilze von den eßbaren Egerlingen dient, dürfen Pilze beim Sammeln nicht einfach abgeschnitten, sondern müssen vorsichtig aus dem Boden herausgedreht werden. Alle Arten mit einem Velum universale besitzen auch ein Velum partiale; Ausnahme: der Scheidenpilz (*Amanitopsis vaginata*).

Die Fruchtkörper der Gasteromyceten unterscheiden sich von denen der Hymenomyceten durch ihre angiokarpe Ausbildung. Das sporenbildende Gewebe, auch als Gleba bezeichnet, bleibt dauernd, auch nach der Sporenreife, von einer Hülle, der Peridie, umschlossen (Ausnahme: *Phallaceae*). Die Weich-, Hartboviste und Erdsterne besitzen eine doppelte Peridie. Die äußere, dickere löst sich bei den Vertretern der beiden ersten Gattungen bei der Reife schuppenförmig ab (Fig. 7, *IV 1*), während sie bei den Erdsternen aufreißt und sich in Form spitzer Lappen zurückschlägt (Fig. 7, *IV 2*). Die innere Peridie öffnet sich unregelmäßig am Scheitel, so daß die Sporen durch das entstandene Loch ausstäuben können. Bei den Phallaceen befindet sich zwischen der äußeren und inneren Peridie eine gallertige Mittelschicht (Fig. 15, *IV Ga*) und die Sporen werden durch einen sterilen, stielartigen Gewebekomplex, das Receptaculum (Fig. 15, *IV R*), über den Boden gehoben. Bei dessen Streckung wird die Peridie zerrissen und bleibt als Scheide (Volva) an der Stielbasis zurück.

Die Ausbildung des sporenbildenden Gewebes und der Sporen

Der wichtigste Teil des Fruchtkörpers ist das Hymenium, das Sporenlager. Die höheren Pilze werden in zwei großen Klassen zusammengefaßt, den *Ascomycetes* und *Basidiomycetes* (s. S. 47, 48). Bei den ersteren entstehen die Sporen im Innern (endogen) von Schläuchen (*Asci*, Fig. 17); sie werden deshalb auch Schlauchpilze genannt (s . S. 47). Bei den Basidiomyceten hingegen vollzieht sich die Bildung von Sporen nicht in Schläuchen, also nicht endogen, sondern exogen: sie werden von keulenförmig angeschwollenen Hyphenenden, den Basidien oder Ständern abgegliedert (Fig. 9, *V*).

Wir wollen uns im folgenden zunächst nur mit der Ausbildung des Hymeniums bei den Basidiomyceten beschäftigen. Je nachdem die Basidien frei an der Oberfläche des Fruchtkörpers oder im Innern des Fruchtkörpers stehen, wird diese Pilzgruppe in die beiden Unterklassen der *Hymenomycetidae* und *Gasteromycetidae* unterteilt (s. auch S. 48 ff.). Bei den

a) Hymenomycetidae

findet sich das Hymenium meist auf der Unterseite des Hutes und bekleidet nur selten die gesamte Oberfläche des Fruchtkörpers. Letzteres ist bei den Vertretern der Familie der Keulen- und Korallenpilze (*Clavariaceae*) der Fall. Bei den Lamellen- oder Blätterpilzen (*Agaricales*) besteht das Hymenium aus zahlreichen radial gestellten Lamellen oder Blättern (Fig. 8, *VI–VIII*); bei den Röhrenpilzen (*Boletales*) läßt das Hymenium zahlreiche senkrecht gestellte Kanäle oder Röhren erkennen und bei den Stachelpilzen (*Hydnaceae*) bietet es sich in Form zahlreicher stachelartiger Auswüchse dar. Die Lamellen, das gemeinsame Merkmal aller Lamellenpilze (*Agaricales*), sind blattartige, dünne, senkrecht stehende und radial angeordnete Platten auf der Unterseite des Hutes. Sind diese sehr schmal und treten sie nur in Form erhabener Längswülste oder Rippen in Erscheinung, so sprechen wir von Leisten (Fig. 8, *I*). Sie sind typisch für die Leistenpilze (*Cantharellaceae*); bei den Trompetenpilzen (*Craterellus*, Taf. 54) sind die Leisten zu mehr oder weniger erhabenen Runzeln reduziert oder fehlen ganz.

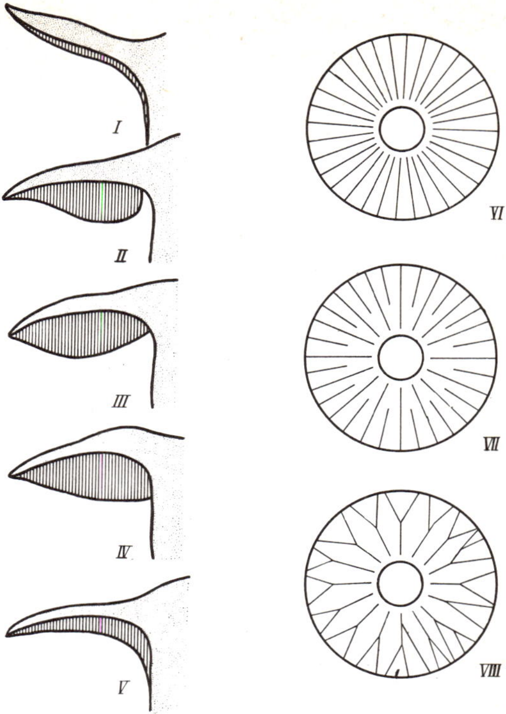

Fig. 8. Formen des Ansatzes und der Ausbildung der Lamellen bei Blätterpilzen. *I* Leiste der Leistenpilze (Echter Pfifferling), *II* die Lamellen sind frei und nicht dem Stiel angewachsen; *III* dem Stiel angeheftet; *IV* dem Stiel angewachsen; *V* am Stiel herablaufend; *VI* die Lamellen sind alle gleichwertig ausgebildet; *VII* zwischen längeren finden sich kurze Lamellen; *VIII* gegabelte Lamellen.

Hinsichtlich der Beschaffenheit, Form und Farbe der Lamellen besteht eine große Mannigfaltigkeit, deren Kenntnis zum Erkennen vieler Blätterpilze von Wichtigkeit ist. Sie sind entweder von wachsartiger, korkartiger (Blättlinge, *Lenzites*), mürber oder brüchiger Beschaffenheit, können weit oder eng gestellt, einfach (Fig. 8, *VI*) oder gegabelt (Fig. 8, *VIII*) sein; vielfach schieben sich vom Hutrand her zwischen längere, vom Stiel bis zum Hut reichende Lamellenplatten kürzere, vom Hutrand ausgehende ein (Fig. 8, *VII*).

Von besonderer Bedeutung zum Bestimmen der Blätterpilze ist die Art der Anheftung der Lamellen am Stiel: Die Lamellen sind frei, wenn sie den Stiel nicht erreichen (Fig. 8, *II*); sie sind angeheftet, wenn sie in dem Winkel zwischen Hut und Stiel eben nur den letzteren berühren (Fig. 8, *III*); sie sind angewachsen, wenn sie in ihrer ganzen Breite mit dem Stiel verbunden sind (Fig. 8, *IV*) und herablaufend, wenn sie sich am Stielansatz verbreitern, bzw. wenn sie sichelförmig dem Raum zwischen Stiel und Hut eingefügt sind (Fig. 8, *V*).

Die Lamellen sind die eigentlichen Träger der sporenerzeugenden Schicht. Davon können wir uns leicht überzeugen, wenn wir einen dünnen Querschnitt durch eines der Blättchen führen und diesen unter dem Mikroskop betrachten. Wir stellen fest, daß eine solche Lamelle gleich dem ganzen Fruchtkörper aus dicht miteinander verflochtenen Hyphen besteht, die in keulenförmigen Zellen, den Basidien, enden, welche diese beiderseits bekleiden (Fig. 9, *I*). An ihren freien Enden tragen die Basidien 2 oder 4 Auswüchse, die Sterigmen, die in kugeligen Anschwellungen die Sporen enthalten (Fig. 9, *V*). Einige Zeilen fallen durch ihre Größe auf; sie werden als Cystiden (Fig. 9, *I C*) bezeichnet und entsprechen steril gewordenen Basidien, die besonderen Funktionen angepaßt sind. Ihre Gestalt ist bei den einzelnen Gattungen und Familien der Basidiomyceten sehr verschieden, doch für ein und dieselbe Art so charakteristisch, daß die Form der Cystiden ein wichtiges Merkmal zur Bestimmung kritischer Arten ist.

Die Entwicklung der Basidien vollzieht sich in der folgenden Weise: in der Hymeniumschicht schwellen die Endzellen der Hyphen keulenförmig an. Gleich den übrigen Zellen des Fruchtkörpers besitzen diese 2 haploide Kerne (Fig. 9, *II K*), einen »männlichen« und einen »weiblichen«. Sobald das Hyphenende sich zur Basidie umbildet, erfolgt eine Verschmelzung der beiden Kerne zu einem diploiden Kern[1] (Fig. 9, *III*), worauf sofort

[1] Der diploide Kern besitzt gegenüber dem haploiden die doppelte Anzahl von Chromosomen.

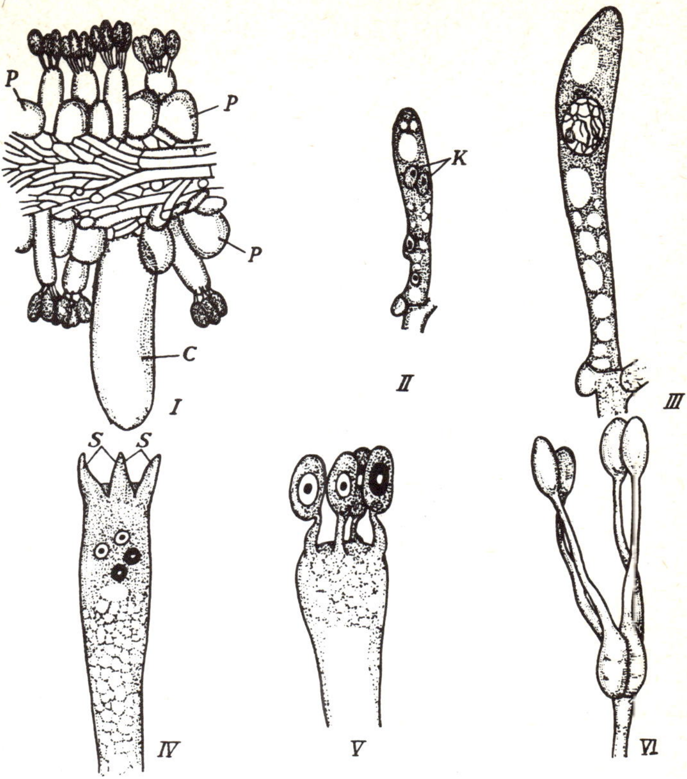

Fig. 9. Basidienentwicklung. *I* Querschnitt durch eine Lamelle eines Tintlings mit Basidien, den Paraphysen *P* und einer Cystide *C*. *II* Basidienanlage mit den beiden haploiden Kernen, die in *III* zu einem diploiden Kern verschmolzen sind. Dieser hat sich in *IV* in je zwei männliche und je zwei weibliche Kerne geteilt. An der Spitze stülpen sich gerade die Sterigmen *(S)* aus. *V* Reife Basidie der **Hymenomyceten**; *VI* Basidie der **Phragmobasidiomyceten** (Gallertpilze, *Tremellales*) (*I* n. Brefeld, *II–V* n. Kniep, *VI* n. Möller, etw. verändert).

Reduktionsteilung[1] erfolgt und in 2 Teilungsschritten 4 haploide Kerne entstehen (Fig. 9, *IV*). Da bei diesem Vorgang auch die Geschlechtsbestimmung erfolgt, sind von diesen 4 Kernen je

[1] Bei der Reduktionsteilung wird die Anzahl der Chromosomen wieder auf die Hälfte verringert.

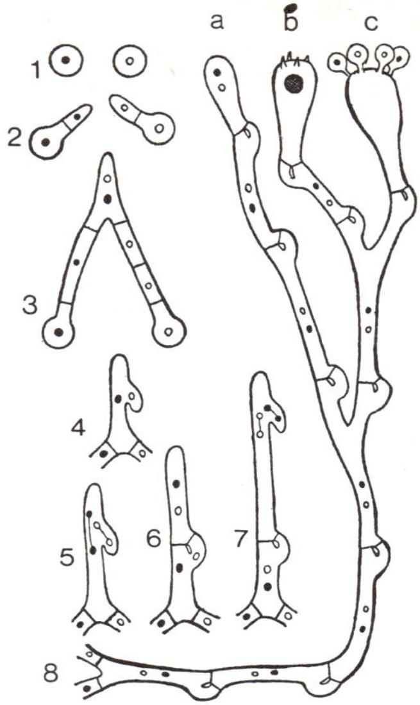

Fig. 10. Schema der Entwicklung des Mycels eines Basidiomyceten. *1* zwei verschieden geschlechtliche Sporen; *2* Keimung der beiden Sporen, deren Hyphen sich in *3* vereinigt haben; *4–7* Bildung der ersten Schnallen; *8* Schnallen (Paarkern-)mycel mit verschiedenen Stadien der Basidienentwicklung (a, b, c). (Nach Harder aus Strasburger).

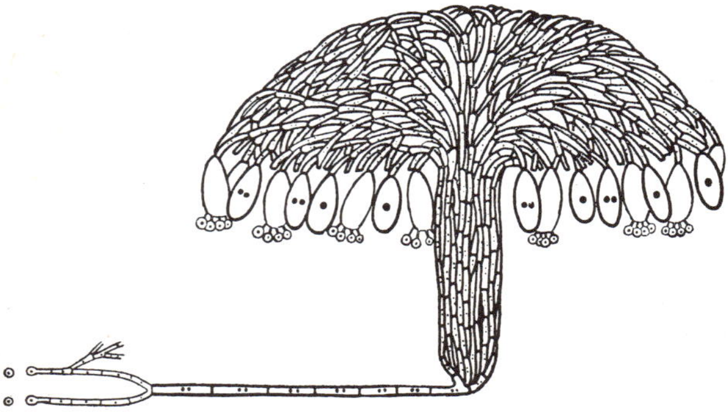

Fig. 11. Schema der Entwicklung eines **Hutpilzes.** Dünne Linien = Einkernmycel der verschieden geschlechtlichen Sporen, dicke Linien = das aus deren Verschmelzung hervorgegangene Paarkernmycel. (Basidien viel stärker vergr. als Hyphen und Hut; nach Harder aus Strasburger).

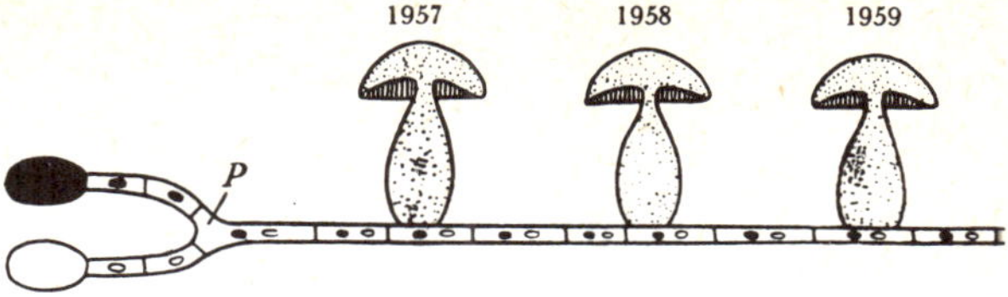

Fig. 12. Schema der Fruchtkörperbildung eines Basidiomyceten. Aus den verschieden geschlechtlichen Sporen (schwarz und weiß) haben sich einkernige Mycelien entwickelt, die sich zum Paarkernmycel vereinigen, das alljährlich neue Fruchtkörper hervorbringt (n. Gäumann).

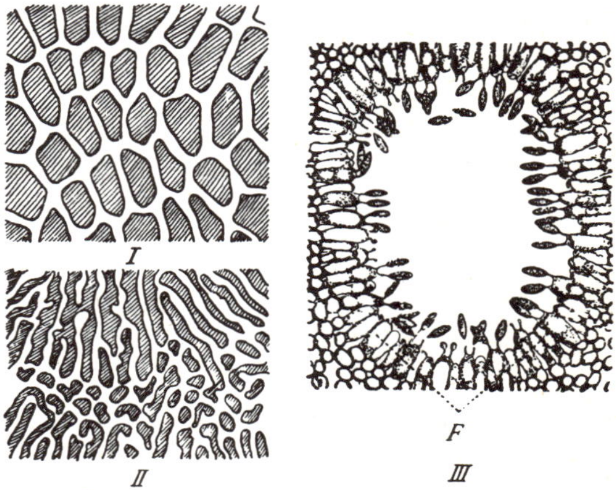

Fig. 13. Ausschnitte aus der Fruchtschicht *I* eines Röhrenpilzes *(Boletaceae)* *II* eines Löcherpilzes *(Poriales)* *III* Querschnitt durch die Röhre des Steinpilzes mit der Fruchtschicht *F* (*III* aus Schmeil-Seybold).

zwei männlichen und weiblichen Geschlechtes. Je ein Kern wandert nun in eine der 4 Basidiosporen ein, die sich inzwischen am Ende der 4 Basidien-Auswüchse, den Sterigmen, gebildet haben (Fig. 9, *IV–V*). Von diesen abgeschleudert und durch den Wind verbreitet, gelangen die Sporen jetzt auf die Erde. Finden sie hier entsprechende Keimungsbedingungen, so wachsen sie zu männlichen und weiblichen Mycelien aus. Treffen jetzt 2 verschiedengeschlechtliche Mycelien aufeinander, so verschmelzen zwar deren Zellen miteinander (Zellfusion), die Kerne aber vereinigen sich nicht. Auf diese Weise kommt das Paarkernmy-

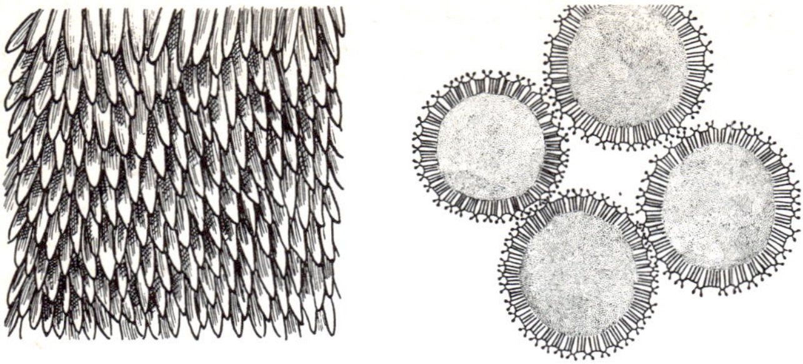

I II

Fig. 14. *I* Ausschnitt aus der Fruchtschicht eines Stachelpilzes. *II* Querschnitt durch die Stacheln mit Basidien (*II* aus Schmeil-Seybold, verändert).

cel der Basidiomyceten zustande (Fig. 10, 11, 12), welches die Voraussetzung zur Fruchtkörperbildung liefert. Auf kompliziertem Wege, mit Hilfe des Vorganges der »Schnallenbildung« (Fig. 10, *4–7*), bleibt die Paarkernigkeit bis in die Basidienanlage hinein erhalten. Erst hier erfolgt unmittelbar vor der Sporenbildung die Kernverschmelzung.

Bei der Mehrzahl der Wald- und Wiesenpilze ist die Basidie keulenförmig und einzellig. Diese Form der Basidie wird deshalb auch als Holobasidie bezeichnet. Bei der 2. Gruppe, den Phragmobasidiomyceten, hingegen wird die Basidie durch auftretende Längs- oder Querwände vierzellig. Von diesen werden nur die Gallertpilze, die *Tremellales,* abgehandelt, deren Basidienform in Fig. 9, *VI* wiedergegeben ist.

Wesentlich anders ist die Fruchtschicht bei den Löcher- (*Poriales*) und Röhrenpilzen *(Boletaceae)* gestaltet. Sie bietet sich in Form wabenartig angeordneter Röhren dar, die entweder miteinander verwachsen (Fig. 13, *I*), unter sich frei sind (*Fistulina*) oder sich zu verworrenen Falten auflösen (Fig. 13, *II*). Das Hymenium kleidet die Innenseite der Röhren oder Falten aus (Fig. 13, *III*). Die Basidien, die wie bei den Blätterpilzen entstehen, sind auch hier meist 4sporig.

Bei den Stachelpilzen (*Hydnaceae*) ist die Unterseite des Hutes mit Warzen, Höckern, Stacheln oder zahnförmigen Platten (Fig. 14, *I*) bedeckt, die vom Hymenium überkleidet sind (Fig. 14, *II*). Auch bei diesen sind die Basidien meist 4sporig.

b) Die Bauchpilze *(Gasteromycetidae)*

unterscheiden sich von den *Hymenomycetidae* darin, daß das als Gleba bezeichnete sporenbildende Gewebe dauernd von einer Hyphenhülle, der Peridie, umschlossen bleibt. Die Sporen reifen also im Innern des Fruchtkörpers heran.

Hinsichtlich der Ausbildung des sporenbildenden Gewebes besteht bei den Bauchpilzen eine große Mannigfaltigkeit. Im einfachsten Falle, so beim Stielbovist (*Tulostoma*) wird die Gleba von unregelmäßig angeordneten Basidien gebildet. Bei *Scleroderma* sind die basidienführenden Partien durch sterile »Adern« getrennt. Bei anderen Arten ist die Gleba von netzartig angeordneten Fasern, den Capillitium-Fasern, durchzogen, die bei der Ausstreuung der Sporen eine wichtige Rolle spielen. Bei *Lycoperdon* und *Bovista* besteht die Gleba aus rundlichen oder verlängerten Kammern, die von den Basidien ausgekleidet sind (Fig. 15, *I–II*). Bei den Nestpilzen (*Nidulariaceae*), zu denen die Gattung Teuerling (*Cyathus*) gehört, werden die einzelnen, vom Hymenium ausgekleideten Kammern von harten Hyphenschichten umgeben. Z. Z. der Sporenreife isolieren sich diese und liegen als linsenförmige Körper, als sog. Peridiolen, in der becherförmigen Peridie (Fig. 15, *III*).

Bei den Stinkmorcheln oder Rutenpilzen (*Phallaceae*) ist die Gleba nur auf Jugendstadien von einer sterilen Hülle umschlossen und gelangt später durch die Ausbildung eines Stieles nach außen. Die Entwicklung des Fruchtkörpers verläuft in zwei Phasen. Zunächst entsteht ein etwa hühnereigroßes, rundliches, einem Bovist gleichendes und als ›Hexenei‹ bezeichnetes Vorstadium (Fig. 15, *IV;* Taf. 60). Schneidet man dieses längs durch (Fig. 15, *IV*), so beobachtet man einen zentralen, hohlen Mittelteil als Anlage für den späteren Stiel und Hut, das sog. Receptaculum (Fig. 15, *IV R*), das in seinem oberen Teil von einer olivgrünen Masse, der Gleba (Fig. 15, IV Ge), bedeckt ist. Receptaculum und Gleba sind von einer doppelten weißlichen Hülle umschlossen, zwischen die eine dicke, braune, gallertige Zwischenschicht (Fig. 15, *IV Ga*) eingelagert ist.

Das zweite Entwicklungsstadium ist durch eine rasche Streckung des Receptaculums gekennzeichnet, das sich in einen porösschwammigen Stiel und einen glockenförmigen Hut differenziert, der auf seiner Oberseite die schmierig-schleimige Gleba trägt. Bei dem Streckungsvorgang wird die Hülle durchbrochen und bleibt als Scheide (Volva) an der Basis des Stiels zurück (Taf. 60). Die Befreiung des Receptaculums von seiner Umhüllung erinnert ganz an den Vorgang der Fruchtkörperbildung vieler Wulstlinge (*Amanita*).

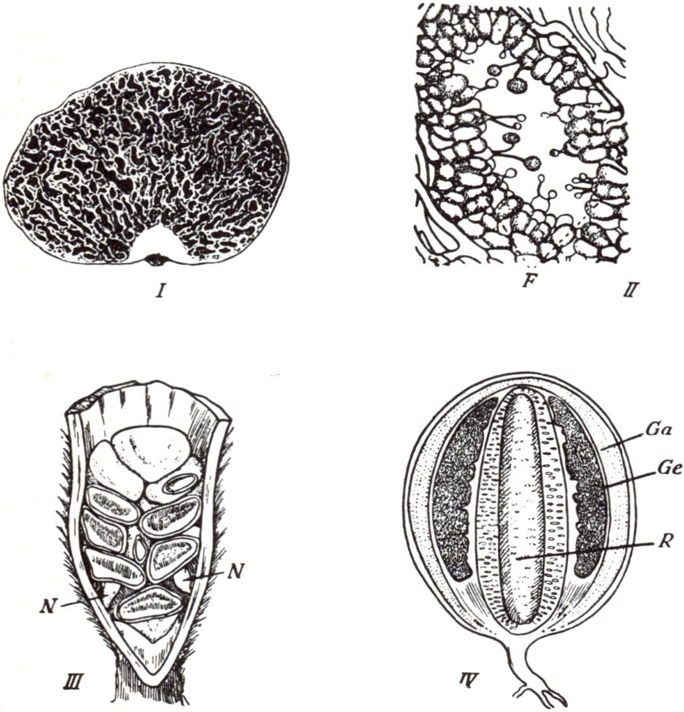

Fig. 15. Fruchtkörperformen der **Bauchpilze** *(Gasteromycetidae)*.
I Längsschnitt durch einen Bovist, dessen Inneres von sterilen Hyphensträngen und Kammern durchzogen ist, in welchen die Basidien gebildet werden. *II* eine solche Kammer vergr. *III* Längsschnitt durch den Fruchtkörper eines Teuerlings mit den Peridiolen, die mit Hilfe eines Nabelstranges *(N)* an der Becherwand festgewachsen sind. *IV* Längsschnitt durch das Ei-Stadium einer Stinkmorchel; *Ga* gallertige Zwischenschicht, *Ge* Gleba, *R* Receptaculum (*I, IV* nach Tulasne, *II* n. Schmeil-Seybold, *III* aus Wettstein).

Die Entwicklung der Fruchtkörper und die Bildung des Hymeniums bei den Schlauchpilzen

(*Ascomycetes*)

In anderer Weise als bei den Ständerpilzen (*Basidiomycetes*) vollzieht sich die Fruchtkörperbildung bei den höher entwickelten Schlauchpilzen, den *Ascomycetes*, von denen im Tafelteil nur Vertreter aus der Ordnung der Scheibenpilze (*Pezizales*) aufgeführt werden. Während bei den Basidiomyceten zur Fruchtkörperbildung zwei verschieden geschlechtliche Sporen notwendig sind (s. Fig. 10 u. 11), vollzieht sich dieser Vorgang bei den Ascomyceten mit Hilfe einer sogen. Ascospore. Fällt eine solche auf den Boden, dann keimt sie zu einem ›Einkernmycel‹ aus, d. h. jede Hyphenzelle besitzt nur einen Kern. Schreitet nun das Mycel zur Fruchtkörperbildung, so schwellen die Endzellen bestimmter Hyphen zu blasenförmigen, vielkernigen Gebilden, den Geschlechtsorganen, an. Die weiblichen, auch als Ascogone bezeichnet (Fig. 16, ♀), tragen an ihrem Scheitel eine langgestreckte, vielkernige Papille, das Empfängnisorgan (Trichogyne). In unmittelbarer Nähe des Ascogons entspringen die männlichen Organe, die gleichfalls vielkernigen Antheridien (Fig. 16, ♂), die sich dem Scheitel der Trichogyne anlegen. Nachdem die Kerne der letzteren zugrunde gegangen sind, öffnet sie sich an ihrer Spitze, und die Kerne des Antheridiums wandern durch die Trichogyne hindurch in das Ascogon. In diesem liegen nun viele männliche und ebenso viele weibliche Kerne, die jedoch nicht miteinander verschmelzen, sondern sich nur paarweise aneinanderlegen. Lediglich das Plasma des Antheridiums vereinigt sich mit dem des Ascogons, ein Vorgang, den man Plasmogamie nennt. Aus dem befruchteten Ascogon treiben nun zahlreiche, sog. ascogene Hyphen (in Fig. 16 dick gezeichnet), in welche die aus einem männlichen und weiblichen Kern gebildeten Paare einwandern. Die Zellen der ascogenen Hyphen, die sich auch reich verzweigen, sind also zweikernig (Paarkernmycel). Ihre Paarkernigkeit wird durch den Vorgang der konjugierten Kernteilung gewahrt: Vor jeder Zellspaltung teilen sich männlicher und weiblicher Kern gleichzeitig; ein Kernpaar wandert in die neu entstehende Tochterzelle, während eines in der Mutterzelle zurückbleibt. Erst in der Fruchtschicht, dem

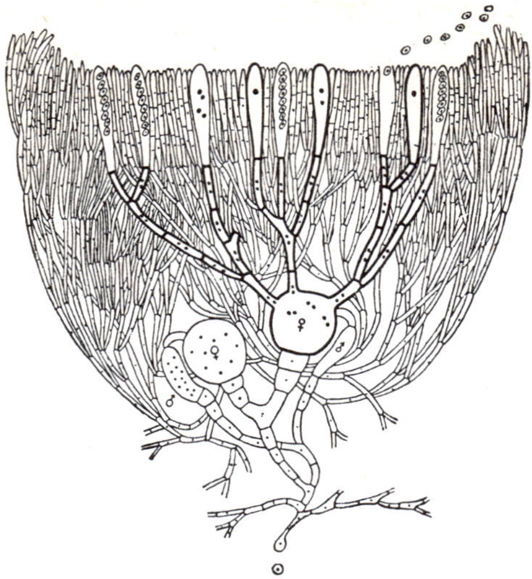

Fig. 16. Schema der Entwicklung und des Aufbaues des Fruchtkörpers eines Schlauchpilzes: Dünne Linien = Hyphen mit 1-kernigen Zellen und den männlichen (♂) und weiblichen (♀) Fortpflanzungsorganen; dickwandige Zellen = ascogene Hyphen (Paarkernstadium) mit verschiedenen Stadien der Ascus-Entwicklung (nach Harder aus Strasburger).

Hymenium, erfolgt in den Endzellen der ascogenen Hyphen die Kernverschmelzung, die Karyogamie, und damit die Schlauch (*Ascus*)bildung. Zu diesem Zweck bildet die Endzelle einen rückwärts gekrümmten Auswuchs, den Haken (Fig. 17, *I*). Daraufhin teilt sich ihr Kernpaar konjugiert: Von den vier entstandenen Kernen bleiben zwei verschieden geschlechtliche in der Spitze liegen, je einer wandert in den Haken (*h*) und einer in den Stiel (*S*). Die beiden letzteren grenzen sich durch eine Querwand von der 2kernigen Endzelle ab (Fig. 17, *II*). Sie ist die Ascusanlage (*A*), in der jetzt die beiden verschieden geschlechtlichen Kerne verschmelzen (Fig. 17, *II*). Die Endzelle wächst zu einem zunächst einkernigen, keulenförmigen Gebilde, dem eigentlichen Schlauch, heran (17, *II*), und aus dem Verschmelzungskern gehen durch 3 aufeinanderfolgende Teilungen 8 Kerne hervor. Diese umgeben sich mit einer Membran und werden zu Ascosporen (Fig. 17, *III;* Fig. 18, *I*). Während des

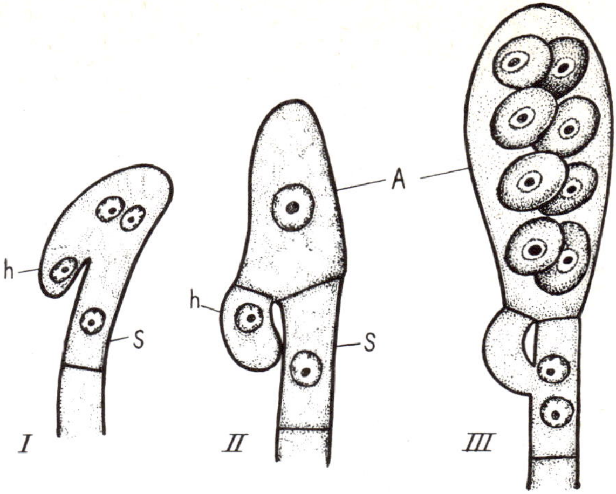

Fig. 17. Haken- und Ascusbildung bei den Schlauchpilzen. Nähere Erläuterungen im Text (n. Clausen verändert).

Vorganges der Sporenbildung ist der Haken mit der Stielzelle in Fusion getreten (Abb. 17, *III*) und hat seinen Kern an diese abgegeben, die dadurch wieder zweikernig wird (Fig. 17, *III*) und nun erneut zur Haken- und Ascusbildung schreiten kann. Durch fortgesetzte Wiederholung entstehen ganze Büschel von Schläuchen am Ende einer ascogenen Hyphe.

Schon zur Zeit der Plasmogamie (s. S. 31) sind die Sexualorgane von einer lockeren Schicht steriler, einkerniger Hyphen umhüllt (Fig. 16). Diese wachsen mit den ascogenen Hyphen empor und bilden zusammen mit ihnen den Fruchtkörper. Als Paraphysen treten sie zwischen die Schläuche, die in ihrer Gesamtheit die Fruchtschicht, das Hymenium, darstellen. Zur Reifezeit öffnen sich die Schläuche am Scheitel. Unter Druck werden die Sporen herausgeschleudert und durch den Luftstrom verbreitet.

Hinsichtlich der Formgestaltung der Fruchtkörper herrscht eine ähnliche Mannigfaltigkeit wie bei den Basidiomyceten. Bei manchen Becherpilzen (*Pezizaceae*, Taf. 62, links) ist der Fruchtkörper eine flache Schüssel mit emporgewölbtem Rand (Abb. 19, *I*); auf dem ›Schüsselboden‹ breitet sich die Fruchtschicht

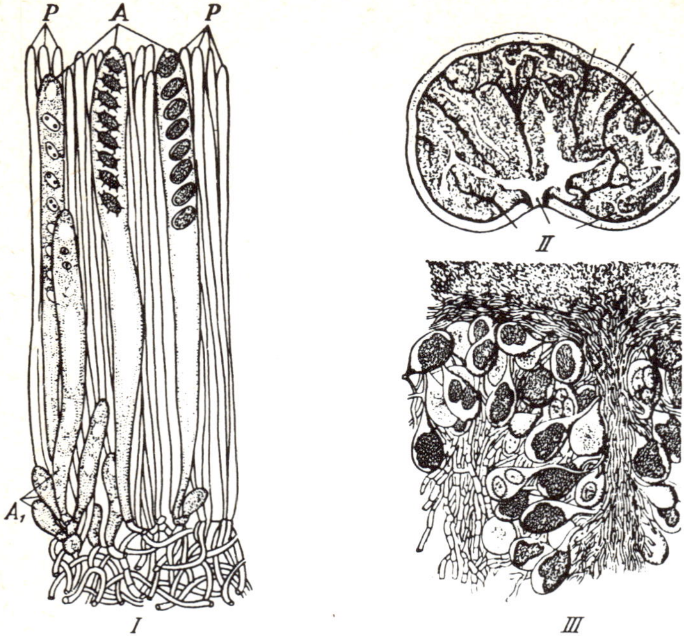

Fig. 18. *I* Ausschnitt aus der Fruchtschicht eines Schüsselpilzes mit Schläuchen in verschiedenen Entwicklungsstadien *(A u. A I)* und sterilen Hyphen, den Paraphysen *(P)*. *II–III* Längsschnitte durch den Fruchtkörper einer Trüffel. *III* stärker vergr. *(I* n. Dodel-Port, *II* n. Fischer, *III* n. Tulasne).

aus. Dieser einfache Typ kann in der verschiedensten Weise abgewandelt werden, so daß krug-, ohrenförmige (Taf. 62) oder schneckenhausartig eingerollte Gebilde entstehen. Bei den Morcheln und Lorcheln ist der Fruchtkörper in einen hohlen, oft aufgeblasenen Stiel und einen Hut gegliedert, dessen Oberfläche durch erhabene Längs- und Querleisten ein wabenartig-grubiges Aussehen erhält. In den einzelnen Gruben findet sich das Hymenium (Fig. 19, *II*). Die Fruchtkörper der Trüffeln (*Tuberaceae*) leben unterirdisch und sind von knolliger, kartoffelähnlicher Gestalt (Fig. 18, *II*). Sie sind wie beim Kartoffelbovist von einer harten, glatten oder warzigen Hyphenschicht (Peridie) umgeben, während das Innere von Hohlräumen und gewundenen Gängen durchzogen ist, die mit dem Hymenium ausgeklei-

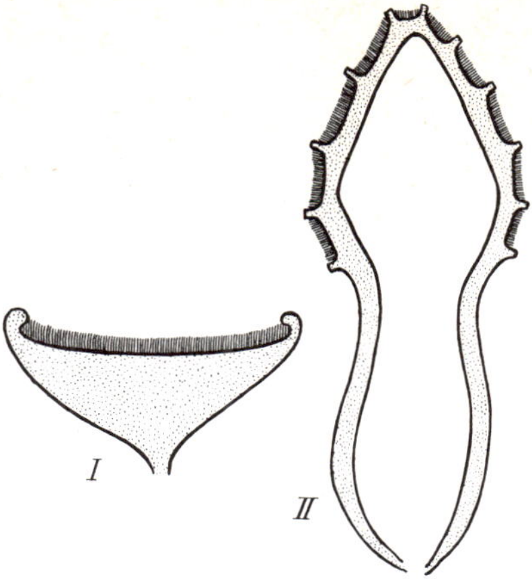

Fig. 19. *I* Schema eines Becherpilzes (Peziza); *II* einer Morchel *(Morchella)* Fruchtschicht schraffiert.

det sind. In den Asci finden sich meist nur 4 Ascosporen (Fig. 18, *III*), die erst nach Verrotten des Fruchtkörpers verbreitet werden.

Die Lebensdauer der Fruchtkörper

Während das Mycel bei zahlreichen Pilzen viele Jahre ausdauert und alljährlich immer wieder neue Fruchtkörper erzeugt, sind diese selbst von nur kurzer Lebensdauer. Bei den Phallaceen beginnen sie schon nach Stunden oder spätestens 1–2 Tage nach dem Erscheinen zu verfallen; bei den meisten übrigen höheren Pilzen gehen die Fruchtkörper, sofern sie nicht schon vorher von Maden oder Schnecken zerfressen werden, nach 1–2 Wochen zugrunde. Hiervon aber machen eine Reihe von Löcherpilzen, insbesondere die holzbewohnenden, eine Ausnahme. Zu diesen gehören *Fomes fomentarius, Phellinus igniarius, Piptoporus betulinus, Coriolus versicolor.* Da deren Fruchtkörper von korkartiger, elastischer Beschaffenheit sind, dauern sie mehrere Jahre aus. So können beispielsweise die Fruchtkörper des Zunderpilzes (*Fomes fomentarius*) ein Alter von mehr als 20 Jahren erreichen.

III. Die Bedeutung der Pilze für die menschliche Ernährung

Pilzgerichte waren bereits den Römern bekannt, und schon vor 2000 Jahren galten Steinpilze, Kaiserpilze und Trüffeln als besondere Leckerbissen. Aus Frankreich werden alljährlich erhebliche Mengen von Pilzen ausgeführt; in Deutschland dagegen verderben große Mengen dieses wertvollen Nahrungsmittels in den Wäldern. Es gibt wohl kaum ein Gemüse, das sich in so mannigfacher Weise zubereiten läßt, von einem so hervorragenden Geschmack ist und zugleich einen so hohen Nährwert besitzt wie gerade die eßbaren Pilze.
So haben nach BÖTTICHER die nachstehend aufgeführten Arten folgende Zusammensetzung (in Prozenten):

	Wasser	Stickstoff Eiweiß	Fett	Kohle-hydrate	Rohfaser	Salze
Champignon	89.70	4.88	0.20	3.57	0.83	0.82
Steinpilz	87.13	5.39	0.40	5.12	1.01	0.95
Pfifferling	91.42	2.64	0.43	3.81	0.96	0.74

Ein Vergleich von Pilzen mit anderen Nahrungsmitteln ergibt folgende Werte (in Prozenten):

	Eiweiß	Stärke u. Zucker	Fett	Wasser	Salze	Rohfaser
Steinpilz (frisch	5.4	5.2	0.4	87.0	1.0	1.0
Weißkohl	1.8	5.0	0.2	90.1	1.2	1.7
Spargel	1.6	1.7	0.1	95.4	0.6	0.6
Kartoffel	2.0	20.9	0.1	74.9	1.1	1.0
Rindfleisch	21,0	—	4.5	72.2	1.1	—

Aus dieser Zusammenstellung geht hervor, daß Pilze einen höheren Gehalt an Eiweiß haben als Gemüse, der freilich bei weitem nicht an den des Fleisches heranreicht. Es ist deshalb übertrieben, Pilze als vollwertigen Fleischersatz zu propagieren und als das ›Fleisch des Waldes‹ zu bezeichnen. Ihr Nährwert entspricht etwa dem frischen Gemüses. Wenngleich auch ihr Eiweißgehalt wesentlich höher ist als der von Gemüse, so ist zu berücksichtigen, daß das Pilz-Eiweiß nur z. T. vom menschlichen Körper aufgenommen werden kann, denn die aus Chitin bestehenden Zellwände werden vom menschlichen Magen nicht aufgelöst, so daß nur das Eiweiß angeschnittener Zellen verdaut werden kann. Zur besseren Ausnutzung ihrer Nährstoffe sind Pilze deshalb vor dem Kochen möglichst fein zu zerkleinern. Außer Nährstoffen enthalten sie aber auch noch einige der lebenswichtigen Vitamine. So finden sich größere Mengen des Vitamins A in Pfifferlingen, Vitamins D in Steinpilzen, Maronenpilzen, Egerlingen und Pfifferlingen. Ferner sind die Vitamine B_1, B_2 und C festgestellt worden, doch sind die Untersuchungen hierüber noch nicht abgeschlossen.

Alles in allem bilden die Pilze eine wertvolle und noch dazu kostenlose Bereicherung des Küchenzettels. Sie können »geerntet werden, ohne daß gesät wird«. Leider aber verdirbt noch immer der größere Teil ungenutzt in Wäldern und auf Wiesen.

IV. Giftpilze und Pilzgifte

Die Zahl der giftigen Pilze ist, gemessen an der Zahl der nicht giftigen, relativ gering. Von den in Deutschland beheimateten Pilzarten haben sich rund 30 als giftig – darunter 7 als tödlich giftig – erwiesen.
Außerdem gibt es noch eine große Anzahl nicht eßbarer Pilze, deren Genuß zu Verdauungsstörungen führen kann. Selbst eßbare Pilze können Übelkeit, Erbrechen oder Durchfall hervorrufen, wenn sie unsachgemäß gelagert und nicht sofort verarbeitet werden. Die Vergiftungen, die alljährlich Todesopfer fordern, beruhen in den allermeisten Fällen auf Verwechslungen eßbarer Pilze mit ähnlichen giftigen (z. B. Champignon mit Knollenblätterpilzen oder dem Ziegelroten Rißpilz). Ein allgemeingültiges Merkmal zur Erkennung von Giftpilzen gibt es nicht. Alle diesbezüglichen Angaben gehören in das Reich des Aberglaubens. Man kann Giftpilze nicht daran erkennen, daß sie einen silbernen Löffel beim Kochen schwärzen. Das geschieht immer dann, wenn sich Eiweiß zersetzt, also Schwefelwasserstoff entsteht, ein Vorgang, der jeweils dann eintritt, wenn alte, bereits in Zersetzung übergehende Pilze zubereitet werden. Auch das Schwärzen einer mitgekochten Zwiebel ist kein Anzeichen für die Anwesenheit von Giftpilzen. Auf völliger Unkenntnis beruht die Annahme, daß die Verfärbung des Fleisches nach Blau oder Rot beim Durchschneiden ein Zeichen von Giftigkeit ist. Gerade eine Anzahl guter Speisepilze (Maronenpilz, Hexenpilz, Perlpilz) zeigen diese Eigenschaft, während umgekehrt sehr giftige (Knollenblätterpilz, Pantherpilz) ein sich nicht verfärbendes Fleisch besitzen. Man hüte sich auch zu glauben, daß alle die Pilze, die von Schnecken oder Maden zerfressen werden, nicht giftig seien; es ist schon lange bekannt, daß gleiche Gifte

auf den menschlichen und tierischen Organismus in verschiedener Weise wirken. Es sei nur daran erinnert, daß die für den Menschen giftigen Kartoffelblätter die Hauptnahrung des Kartoffelkäfers bilden. Auch durch eine Geschmacksprobe lassen sich giftige Pilze nicht von ungiftigen unterscheiden. Das mag allein für die Täublinge zutreffen, bei denen die scharf schmekkenden Arten zu meiden sind. Für andere Pilze gilt diese Regel nicht, denn die giftigen Knollenblätterpilze z. B. zeichnen sich durch einen ausgesprochen milden Geschmack aus. Es gibt nur ein sicheres Mittel, Giftpilze von eßbaren zu unterscheiden, nämlich sie kennenzulernen. Da es sich um eine relativ kleine Zahl handelt, dürfte das keine sonderlich große Mühe bereiten. Man hält es wohl für selbstverständlich, daß man, wenn man in den Wald geht, um Heidelbeeren zu sammeln, diese kennt und keine giftigen Tollkirschen heimbringt. Dasselbe gilt für Pilze. Der Pilzsammler lasse am besten seine Finger von all jenen Pilzen, welche er nicht genau und sicher erkennt, bzw. welche ihm von einem erfahrenen Pilzkenner nicht als unbedingt eßbar bezeichnet worden sind.

Neben den Vergiftungen mit echten Giftpilzen gibt es auch solche, die zwar in der Regel nicht tödlich verlaufen, aber zu mehr oder weniger schweren Verdauungsstörungen führen und die meist durch zu alte, bereits in Zersetzung begriffene Pilze hervorgerufen werden. Es handelt sich um die gleichen Vergiftungserscheinungen, wie sie in Sommermonaten durch den Genuß von verdorbenem Fleisch und Fisch auftreten können. Dennoch wird es niemand einfallen, Fleisch oder Fisch als giftig zu bezeichnen. Schließlich muß noch einer individuellen Überempfindlichkeit (Idiosynkrasie) Rechnung getragen werden. Unter den als »eßbar« bezeichneten Pilzen gibt es eine ganze Reihe von Arten (Korallenpilze, Hallimasch, Kahler Krempling u. a.), die bei besonders empfindlichen Personen Verdauungsstörungen hervorrufen können. Dennoch sind diese keineswegs giftig.

Schwere und lebensgefährliche Pilzvergiftungen, hervorgerufen durch Protoplasmagifte, machen sich leider erst nach einer Latenz- oder Inkubationszeit von 30–48 Stunden bemerkbar, so beim Genuß der Knollenblätterpilze und der Frühlorchel. Da kann nur sofortige ärztliche Hilfe und Überführung ins Krankenhaus im letzten Augenblick noch retten.

Ist schon kurze Zeit nach Genuß eines Pilzgerichtes Unwohlsein, Kratzen im Halse, Schwindelgefühl, Leibschmerzen, Erbrechen oder Durchfall festzustellen, so ist ebenfalls der Arzt zur Hilfe zu rufen. Vor allem ist für eine rasche Entfernung der Giftstoffe aus dem Magen- und Darmkanal zu sorgen, allenfalls unter Zuhilfenahme von Brech- und Abführmitteln oder Darmspülungen. Trinken von viel Wasser kann zu einer Verdünnung der Giftstoffe führen, Genuß von medizinischer Kohle (Tierkohle) sie aufsaugen.

Die gefährlichsten heimischen **Giftpilze, deren Genuß meist zum Tode führt,** sind die folgenden:

Amanita phalloides, **Grüner Knollenblätterpilz** (Taf. 11, links)
Amanita verna, **Weißer Knollenblätterpilz** (Taf. 11, rechts)
Amanita phalloides var. verna, **Frühlingsknollenblätterpilz**
Amanita pantherina, **Pantherpilz** (Taf. 14, links)
Amanita muscaria, **Fliegenpilz** und seine verschiedenen Formen (Taf. 12, rechts)
Lepiota helveola, der **Fleischrote Schirmling,** ein in Deutschland seltener kleiner Schirmling
Inocybe patouillardii, **Ziegelroter Rißpilz** (Taf. 22, rechts)
Rhodophyllus sinuatus, **Riesenrötling** (Taf. 23, links)
Clitocybe rivulosa, der **Ringbereifte Trichterling**
Gyromitra esculenta, **Frühlorchel** (Taf. 63, rechts)
Maublancomyces gigas, **Riesenlorchel.**

Die wichtigsten übrigen Giftpilze, die besonders auf Magen- und Darmkanal wirken und schwere Verdauungsstörungen hervorrufen können, jedoch nicht zum Tode führen, sind die folgenden:

Amanita gemmata, Narzissengelber Wulstling (Taf. 15, links)
Amanita porphyria, Porphyrbrauner Wulstling (S. 68)
Amanita citrina, Gelber Wulstling (nur wenn in größeren Mengen genossen; Taf. 12 links)
Coprinus atramentarius, Grauer Tintling (schwach giftig nur bei gleichzeitigem Alkoholgenuß; Taf. 21, rechts)
Cortinarius traganus, Lila-Dickfluß (Taf. 22, links)
Lactarius helvus, der Bruch-Reizker und andere scharf schmeckende Milchlinge (Taf. 34, rechts)
Hypholoma fasciculare, Büscheliger Schwefelkopf (Taf. 19, rechts)

Russula emetica, Speitäubling und andere scharf schmeckende Täublinge (Taf. 26, links)
Tricholoma sulphureum, Schwefelgelber Ritterling (Taf. 7, links)
Tricholoma pardinum, Tiger-Ritterling (Taf. 8, links)
Boletus satanas, Satanspilz (Taf. 37, links)
Boletus calopus, Dickfuß-Röhrling (Taf. 38, rechts)
Ramaria pallida, Blasse Koralle (Taf. 56, links)
Ramaria formosa, die Schöne Koralle (S. 111)
Scleroderma aurantium, der Kartoffelbovist (Taf. 58, l.).

Eine Reihe von Pilzen zeigen eine mehr oder weniger starke Giftwirkung bzw. Unbekömmlichkeit, wenn sie roh genossen werden. Hier sind zu nennen:

Armillariella mellea, Hallimasch (Taf. 4, links)
Amanita rubescens, Perlpilz (Taf. 13, rechts)
Amanita vaginata, Scheidenstreifling (Taf. 15, rechts)
Paxillus involutus, Kahler Krempling (Taf. 24, links)
Russula, einige mild schmeckende Täublinge
Boletus luridus, Netzstieliger Hexenröhrling (Taf. 37, rechts)
Boletus erythropus, Flockenstieliger Hexenröhrling (Taf. 38, links).

Bei den zuletzt genannten Pilzen ist darauf zu achten, daß sie bei der Zubereitung genügend lange erhitzt werden. Überhaupt sei vor dem Genuß von Pilzen im rohen Zustand gewarnt, denn selbst Steinpilze können, roh verzehrt, unangenehme Begleiterscheinungen hervorrufen.

Nachstehend seien in Ergänzung zu den Tafelbeschreibungen einige Einzelheiten der Vergiftungserscheinungen der auf S. 40 f. aufgeführten Giftpilze gegeben:

Die gefährlichsten sind die **Grünen** und **Weißen Knollenblätterpilze** (*Amanita phalloides, A. verna* und *Amanita phalloides var. verna*), die als wirksame Gifte Phalloidin und das wesentlich stärker wirkende Amanitin enthalten. Von dem letzteren reicht bereits 1/200 000 g aus, um eine Maus zu töten. Beide sind thermostabil, d. h. sie werden durch Hitzeeinwirkung (Kochen, Braten oder Backen) nicht zerstört; sie bleiben auch in getrockneten Pilzen erhalten, und selbst Pilzpulver ist noch nach 10 Jahren von unverminderter Giftigkeit.

Amanitin und Phalloidin sind ausgesprochene Zellgifte, die beim

Menschen schwere Organschädigungen, insbesondere der Leber, aber auch der Niere, des Herzens und der Skelettmuskulatur hervorrufen. Allerdings treten die Vergiftungserscheinungen erst nach weitgehender Resorption der Giftstoffe, in der Regel nach 10–20 Stunden in Erscheinung, dann aber sehr plötzlich und manchmal fast explosiv, verbunden mit starken Magen- und Leibschmerzen, Übelkeit, Erbrechen, ruhrartigen Durchfällen, Wadenkrämpfen, quälendem Durst, Kreislaufschädigung unter Absinken des Blutdruckes und allgemeinem Kräfteverfall. Hat der Vergiftete das unter den vorstehenden Symptomen beschriebene, recht qualvolle Stadium überwunden, so stellt sich eine vorübergehende Besserung ein, der am 2., spätestens am 3. Tag das zweite Stadium folgt, das durch schwere Organschäden gekennzeichnet ist, insbesondere durch eine erhebliche Schwellung und Druckempfindlichkeit der Leber, die gleichzeitig zunehmend verfettet, sowie durch starke Stoffwechselstörungen. 2–5 Tage nach dem Genuß der Pilze erfolgt der Tod. Obwohl wegen des späten Auftretens der ersten Vergiftungserscheinungen der größte Teil der Giftstoffe bereits resorbiert ist, muß für eine sofortige und sorgfältige Entfernung Sorge getragen werden. Hierbei leisten schon Aufschwemmungen von Tierkohle gute Dienste. Das Erbrechen kann mit Hilfe von Uzara bekämpft werden. Gegen die Wasser- und Kochsalzverarmung, Kreislaufschäden und zur allgemeinen Entgiftung sind kaliumreiche Salz- sowie Traubenzuckerlösungen, Cardiazol, Coramin und Coffein zu spritzen. Nach erfolgtem Überstehen der Vergiftung ist noch längere Zeit völlige Ruhe notwendig.

Amanita muscaria, der **Fliegenpilz** (Taf. 12, rechts) und seine braunen, resp. gelben Formen enthalten das giftige Alkaloid Muscarin, das chemisch wenig erforschte, auch als Pilzatropin bezeichnete Alkaloid Muscaridin und ein chemisch wenig bekanntes Kapillargift. Der Alkaloidgehalt des Fliegenpilzes kann je nach der Gegend und aus anderen, bisher unbekannten Gründen starken Schwankungen unterworfen sein. Die Ansicht, daß sich die Giftstoffe nur in der Oberhaut des Hutes[1] finden, ist experimentell widerlegt worden.

[1] Die auffallend rote Färbung der Oberhaut des Hutes beruht auf dem Farbstoff Muscarufin, einer aromatischen Oxycarbonsäure mit Chinoncharakter.

Das Muscarin bewirkt eine Erregung bzw. Steigerung der Sekretion der Tränen-, Speichel-, Schleim- und Bronchialdrüsen, eine Verstärkung der Gallen- und Pankreassekretion sowie Sehstörungen, Bronchialmuskelkrämpfe, Magen-Darm-Koliken und Erstickungskrämpfe, die zum Tode führen können.

Das Muscaridin hat gleich dem Atropin der Tollkirsche (*Atropa belladonna*) eine starke zentrale Erregung mit rauschartigen Erregungszuständen zur Folge, die mit Sehstörungen einhergehen. Vergiftungen mit dem Fliegenpilz sind nicht häufig, da dieser allgemein als giftig bekannt ist. Eine Verwechslung ist höchstens mit dem **Kaiserpilz** (*Amanita caesarea*, Taf. 13, links) möglich, doch ist dieser in seiner Verbreitung auf den äußersten Südwesten Deutschlands beschränkt und auch hier recht selten.

Im Gegensatz zu den Knollenblätterpilzen äußern sich die Vergiftungssymptome des Fliegenpilzes bereits nach 15 Minuten, selten erst 1–2 Stunden nach dem Genuß in Benommenheit im Kopf sowie in Müdigkeit. Schnell und plötzlich setzt auch Flimmern vor den Augen ein; weiterhin treten Angstgefühle, Schwindel und Taumeln, rauschartige Erregungszustände, Sinnestäuschungen, Rededrang, Lust zum Tanzen, Singen und lautem Schreien auf. Dem langsamen Abklingen dieses oft stundenlang anhaltenden Erregungszustandes schließt sich ein narkoseähnliches Lähmungsstadium an, dem 5–24 Stunden nach dem Genuß der Tod folgt. Die Behandlung der Vergiftung wird ähnlich wie die der Knollenblätterpilze (s. S. 42) durchgeführt.

In Nordasien und in den nördlichsten Gebieten Europas wird der Fliegenpilz frisch oder getrocknet von den eingeborenen Nomadenvölkern zur Herbeiführung eines Rausches mit Sinnesverwirrung gegessen[1]. Die dort wachsenden Fliegenpilze scheinen bevorzugt nur das Muscaridin (Pilzatropin) und nur wenig Muscarin zu enthalten. Das erstere wird schnell und unzersetzt durch den Harn ausgeschieden, der aus ökonomischen Gründen von anderen zur Erzeugung weiterer Rauschzustände getrunken wird, denn der Fliegenpilz ist bei diesen Völkern ein kostbares und teuer gehandeltes Objekt.

Der dem Fliegenpilz verwandte **Pantherpilz**, *Amanita panthe-*

---

[1] Auch Rentiere fressen den Pilz gern und geraten gleich den Menschen in einen Zustand von Trunkenheit.

rina (Taf. 14, links), enthält gleichfalls Muscarin, doch in wesentlich geringerer Menge als jener, sowie einen chemisch unerforschten Wirkstoff mit Muscaridinwirkung. Im Gegensatz zum Fliegenpilz treten Vergiftungen mit dem Pantherpilz viel häufiger auf, da leicht eine Verwechslung mit ähnlichen Speisepilzen (*Amanita spissa,* Gedrungener Wulstling; *A. rubescens,* Perlpilz, und *Macrolepiota procera,* Parasolpilz) gegeben ist. Die Vergiftungserscheinungen sind im wesentlichen die gleichen wie beim Fliegenpilz; auch die Behandlung ist dieselbe.

Inocybe patouillardii, der **Ziegelrote Rißpilz** (Taf. 22, rechts), ist ein sehr gefährlicher Giftpilz, der zugleich mit den Maipilzen und den ersten Egerlingen auf Wiesen und in Parkanlagen oft in größerer Menge erscheint und leicht – besonders im jungen Zustand – mit jenen verwechselt werden kann. Erst ein längeres Liegen verrät ihn durch seine ziegelrote Verfärbung. Sein Hauptwirkstoff ist das Muscarin, das in 20fach größerer Menge als im Fliegenpilz auftritt. Die Vergiftungserscheinungen zeigen die typischen Symptome einer Muscarin-Vergiftung (s. S. 43) und werden bereits 15–30 Minuten nach dem Genuß der Pilze spürbar. Sie beginnen mit Kopfschmerzen, Blutdrang nach dem Kopf, Schwindel, Übelkeit und Brechreiz. Daran schließen sich Schweißausbrüche (kalter Schweiß), Tränensekretionen, Frieren, Gliederzittern, Sehstörungen bis zur Verschwommenheit an; der Puls wird langsamer, der Blutdruck sinkt, und bei völligem Bewußtsein tritt nach 8–9 Stunden der Tod infolge Kreislauflähmung ein. Wird die Vergiftung als Muscarinvergiftung erkannt, so ist sofort Atropin als Gegengift zu spritzen und für eine Entleerung des Magen-Darm-Kanals zu sorgen.

Muscarin enthält auch der **Riesenrötling,** *Rhodophyllus sinuatus* (Taf. 23, links), der im jungen Zustand mit dem Nebelgrauen Trichterling, dem Schaf-Egerling und dem Mehlpilz verwechselt werden kann und dessen Genuß schon mehrfach zu tödlichen Vergiftungen geführt hat.

Russula emetica, der **Speitäubling** (Taf. 26, links), einer der brennend und scharf schmeckenden Täublinge mit roter Hutfarbe, enthält ein chemisch unbekanntes, leberschädigendes Zellgift und außerdem vermutlich noch Muscarin in geringer Menge. Die Vergiftungserscheinungen machen sich bereits nach $^1/_4$ bis $^1/_2$ Stunde mit Angst-, Schwächegefühl, Schwindel und heftigem

Erbrechen (daher Spei-Täubling!) bemerkbar. In schweren Fällen erfolgt unter Verfettung eine Vergrößerung und Druckempfindlichkeit der Leber, und nach mehreren (bis zu 5) Tagen der Tod.

Boletus satanas, der **Satanspilz,** ein in Form und Farbe recht veränderlicher Röhrenpilz (Taf. 37, links), wird häufig mit den eßbaren Hexenröhrlingen verwechselt; er unterscheidet sich von diesen aber durch die auffällige Rotverfärbung der Röhrenmündungen und den widerlichen Geruch. Er enthält erhebliche Mengen an Muscarin sowie ein unerforschtes Kapillar- und ein Krampfgift. Die Vergiftungserscheinungen zeigen in erster Linie die Symptome der typischen Muscarin-Vergiftung (s. S. 43) und treten bald nach dem Genuß des Pilzes auf. Todesfälle sind indessen bisher recht selten beobachtet worden. Die Behandlung der Vergiftung erfolgt, wie auf S. 44 beschrieben, durch Atropingaben als Gegengift.

Gyromitra esculenta, die **Früh-** oder **Speiselorchel** (Taf. 63, rechts), und ihre nahe Verwandte, *Maublancomyces gigas,* die **Riesenlorchel,** galten früher als vorzügliche Speisepilze. Erst seit kurzem werden sie den Giftpilzen zugerechnet, nachdem ihr Genuß schon mehrere Todesfälle verursacht hat! In Pilzbüchern wurde zwar immer wieder auf die Notwendigkeit hingewiesen, die Lorcheln vor dem Verzehren gut zu kochen und das Kochwasser wegzuschütten; da diese Vorsichtsmaßregel aber schon so oft außer acht gelassen wurde, mußten die Lorcheln auf die Liste der Giftpilze gesetzt werden.

Gyromitra enthält ein chemisch unerforschtes Zellgift, das in seiner Wirkung dem Amanitin und Phalloidin der Knollenblätterpilze nahesteht, sich von diesen Stoffen aber darin unterscheidet, daß es im getrockneten Pilz in nicht mehr wirksamer Form vorliegt. Als zweiter Giftstoff wird die Helvellasäure angegeben, wobei es nach GESSNER (1953) durchaus möglich sein kann, daß beide Hauptwirkstoffe miteinander identisch sind.

Vergiftungen mit der Frühlorchel kommen relativ häufig vor, einmal wegen der nicht sachgemäßen Vorbehandlung, zum anderen infolge Verwechslung mit den zur gleichen Jahreszeit erscheinenden, aber ungiftigen Morcheln (*Morchella*). Die Vergiftungssymptome treten wie bei den Knollenblätterpilzen nach einer ziemlich langen Latenzzeit, in der Regel nach 7–8 Stunden (frühestens nach 2, spätestens nach 24 Stunden) auf und äußern sich in Mattigkeit, Kopf- und Leibschmerzen, Übelkeit, Erbrechen und Durchfall. Etwa 40 Stunden nach Aufnahme des Pilzes macht sich ein Anschwellen und eine starke Empfindlichkeit der Leber gegen Druck bemerkbar; nach 2½ bis 3 Tagen erfolgt bei Bewußtlosigkeit der Tod. Die Behandlung der Vergiftung ist die gleiche wie bei einer solchen mit Knollenblätterpilzen (s. S. 42).

Auf alle Fälle sollte bei der Verwendung der Lorcheln größte Vorsicht geboten sein. Man verwende sie erst nach zweiwöchigem Trocknen oder, wenn frisch, dann nur nach entsprechender Vorbehandlung. Es genügt nicht, die Pilze zu waschen, sondern es ist notwendig, sie mindestens 10 Minuten zu kochen und auf einem Ablaufsieb das giftige Abkochwasser vollständig abtropfen zu lassen. Es ist sogar ratsam, die Pilze dann nochmals mit frischem, heißem Wasser zu überspülen. Trotz dieser Vorbehandlung bleibt noch immer etwas von dem Gift zurück, so daß eine Person nie mehr als 1 Pfund (Kochgericht) Lorcheln auf einmal verzehren sollte.

Abschließend zu den Pilzvergiftungen sei nochmals darauf hingewiesen, daß im Falle einer Vergiftung sofort der nächste Arzt zu holen ist. Bis zu seinem Eintreffen versuche man den Magen des Erkrankten zu entleeren, gebe ihm viel kaltes Wasser zu trinken und mache heiße Umschläge auf den Unterleib. Um aber allen Unfällen aus dem Wege zu gehen, sei nochmals betont, daß der Anfänger nur jene Arten sammeln möge, welche ihm mit Sicherheit als unbedenklich eßbar bekannt sind. Es gibt davon genügend in der heimischen Pilzvegetation.

V. Systematische Übersicht der im Tafelteil behandelten Pilzgruppen

Eumycophyta (Eumycota), Echte Pilze

(Eine Auswahl der Höheren Pilze: *Ascomycetes* u. *Basidiomycetes)*

1. Klasse: *Ascomycetes*, Schlauchpilze

Die Sporen entstehen im Innern von Schläuchen (Fig. 17, *III*), die zu vielen zu einem Hymenium (Fruchtschicht) vereinigt sind, das von sterilen Hyphen (Paraphysen) durchsetzt ist (Fig. 16).

Ordnung: *Pezizales*, Scheiben- oder Becherpilze

Fruchtkörper schüssel- oder becherförmig (Fig. 19, I), zuweilen in Stiel und Hut gegliedert (Fig. 19, II). Schläuche öffnen sich mit einem Deckel.

Familie: *Pezizaceae*, Becherpilze

Fruchtkörper becherförmig, Stiel fehlend oder kurz (Fig. 19, I).

Familie: *Helvellaceae*, Lorchelpilze

Fruchtkörper in einen Stiel und einen wulstigen oder gefalteten Hut gegliedert; Fruchtschicht die Falten überziehend (Fig. 19, II); Sporen vierkernig, mit Öltropfen.

Familie: *Morchellaceae*, Morchelpilze

Fruchtkörper in Stiel und glockenförmigen, wabig gekammerten oder gerunzelten Hut gegliedert; Sporen einkernig, ohne Öltropfen.

Ordnung: *Helotiales*, Wachs- oder Gallertbecherpilze

Fruchtkörper ebenfalls becherförmig oder in Hut und Stiel gegliedert, jedoch von wachsartiger oder gallertiger Konsistenz; Schläuche öffnen sich nur mit einfacher Pore.

Familie: *Geoglossaceae,* Erdzungen

Fruchtkörper gestielt, keulenförmig; Hut zungenförmig gestreckt.

Ordnung: *Tuberales,* Trüffelpilze

Fruchtkörper knollenförmig, meist unterirdisch lebend, mit zahlreichen, vom Hymenium ausgekleideten Gängen (Fig. 18, II–III).

Familie: *Tuberaceae,* Trüffeln

2. Klasse: *Basidiomycetes,* Basidienpilze

Die Sporen entstehen meist in 4-Zahl exogen an Trägern, den Basidien (Fig. 9), die in ihrer Gesamtheit zur Fruchtschicht, dem Hymenium, zusammentreten.

I. Unterklasse: *Gasteromycetidae,* Bauchpilze

Hymenium im Innern des allseits geschlossenen und von einer sterilen Hüllschicht (*Peridie*) umgebenen Fruchtkörpers.

Ordnung: *Sclerodermatales* – Hartboviste und Wettersterne

Ordnung: *Lycoperdales* – Weichboviste

Ordnung: *Geastrales* – Erdsterne

Ordnung: *Phallales* – Rutenpilze, Stinkmorcheln.

II. Unterklasse: *Hymenomycetidae,* Hut- oder Ständerpilze

Hymenium stets frei am Fruchtkörper stehend, nur auf Jugendstadien z. T. von sterilem Hyphengewebe (Velum) eingeschlossen (Fig. 7, I–II). Basidie ungeteilt (Holobasidie).

Ordnung: *Russulales,* Sprödblättler

Fruchtkörper fleischig, von krümeliger Konsistenz, z. T. mit Milchsafthyphen, Hymenium auf Lamellen.

Familie: *Russulaceae* – Täublinge und Milchlinge.

Ordnung: *Boletales,* Röhrenpilze

Fruchtkörper fleischig, Hymenium in Form senkrecht gestellter Röhren (Fig. 13, I) oder Lamellen, sich leicht vom Hutfleisch lösend.

Familie: *Strobilomycetaceae* – Strubbelkopfröhrlinge

Familie: *Boletaceae* – Röhrlinge

Familie: *Gomphidiaceae* – Schmielinge, Gelbfüßler

Familie: *Paxillaceae* – Kremplinge, Falsche Pfifferlinge
Ordnung: *Agaricales*, Blätter- oder Lamellenpilze
Fruchtkörper fleischig, Hymenium fast immer in Form radialstrahlig angeordneter Lamellen oder Blätter (Fig. 8, VI–VIII), die sich schwer vom Hutfleisch trennen lassen.
Familie: *Hygrophoraceae* – Wachsblättler
Familie: *Tricholomataceae* – Ritterlingsartige
Familie: *Amanitaceae* – Freiblättler oder Wulstlinge
Familie: *Rhodophyllaceae* – Rotblättler
Familie: *Agaricaceae* – Egerlinge oder Champignons
Familie: *Coprinaceae* – Tintlinge
Familie: *Strophariaceae* – Träuschlinge
Familie: *Cortinariaceae* – Schleierlinge
Ordnung: *Polyporales*, Weichporlinge und Seitlinge
Fruchtkörper zähfleischig bis hart, meist seitlich gestielt, Hymenium röhrenförmig oder lamellär, häufig parasitisch an Bäumen.
Familie: *Polyporaceae* – Weichporlinge, Seitlinge
Ordnung: *Cantharellales*, Leistlinge und Korallenpilze
Fruchtkörper fleischig, bisweilen in Stiel und Hut gegliedert, oft kreiselförmig oder korallenartig verzweigt, Hymenium stachelartig, leistenförmig oder den ganzen Fruchtkörper glatt überziehend.
Familie: *Cantharellaceae* – Leistenpilze, Pfifferlinge
Fruchtkörper kreisel- bis trichterförmig, Hymenium auf Leisten oder Runzeln auf der Unterseite (Fig. 8, I).
Familie: *Gomphaceae* – Schweinsohrpilze, Korallenpilze
Fruchtkörper pfifferlingsähnlich mit aderigem Hymenium oder korallenartig wie bei den Korallenpilzen (Ziegenbärte) mit glattem Hymenium.
Familie: *Hydnaceae* – Stachelpilze
Fruchtkörper fleischig, oft in Stiel und Hut gegliedert, Hymenium auf Stacheln der Hutunterseite.
Familie: *Fistulinaceae* – Reischlinge
Fruchtkörper fleischig mit blutrotem Saft, Röhren des zungenförmigen Fruchtkörpers auf der Unterseite frei, nicht miteinander verwachsen.

Familie: *Clavariaceae* – Keulenpilze

Fruchtkörper keulenförmig, fleischig, vollständig vom glatten Hymenium überzogen.

Familie: *Sparassidaceae* – Krause Glucken

Fruchtkörper korallenartig, mit abgeflachten, unterseits vom Hymenium bekleideten Ästen.

Ordnung: *Poriales,* Löcherpilze, Hartporlinge

Fruchtkörper sehr verschiedengestaltig, meist lederig, kork- oder holzartig, oft mehrjährig ausdauernd; Hymenium entweder glatt oder stachelförmig, meistens aber wabig oder porenförmig ausgebildet, meist auf der Unterseite der Fruchtkörper (Fig. 13, II), nicht von diesen trennbar.

Familie: *Scutigeraceae* – Fleischporlinge

Fruchtkörper zähfleischig, in Hut und Stiel gegliedert, oft zusammenwachsend oder mehrere Hüte auf einem gemeinsamen Strunk; Hymenium porenförmig.

Familie: *Coriolaceae* – Löcherpilze

Fruchtkörper meist ungestielt, konsolenförmig, seitlich dem Substrat ansitzend, von korkiger oder holzartiger Konsistenz, oft mehrjährig ausdauernd, vielfach Schadpilze an Nutzholz und lebenden Bäumen.

III. Unterklasse: *Phragmobasidiomycetidae*

Basidien durch Querwände vierzellig oder durch Längswände geteilt.

Ordnung: *Tremellales,* Gallert- oder Zitterpilze

Basidien durch Längswände in 4 Zellen geteilt (Fig. 9, VI).

Familie: *Tremellaceae* – Gallertpilze

Fruchtkörper wachsartig, knorpelig oder gallertig; Hymenium mit glatter, hirnartig gewundener oder wabenartig vertiefter Oberfläche, auch auf Stacheln.

Anmerkung: Die Ordnungen *Polyporales* – *Poriales* werden von einzelnen Autoren auch als *Aphyllophorales* zusammengefaßt.

VI. Die verschiedenen Pilzgruppen

Blätterpilze *(Agaricales)*[1]

Die **Schnecklinge.** *Hygrophorus* FR. (= *Limacium* [FR.] SCHROET.) sind mittelgroße Lamellenpilze mit dicklichen, saftigen, wachsartigen, entfernt stehenden Lamellen. Sie sind in der Jugend mit einer Hülle umkleidet, deren Reste sich am erwachsenen Pilz als schleimiger Überzug des Hutes oder als Flocken bzw. Körnchen am oberen Stielende finden. Alle Arten – mit Ausnahme der unangenehm riechenden – sind eßbar.

Elfenbein-Schneckling (Taf. 1, l.), *Hygrophorus* (= *Limacium) eburneus* (BULL.) FR. **H:** 3–7 cm breit, dünnfleischig, anfangs halbkugelig gewölbt mit eingerolltem Rand, später sich verflachend, mit rein weißer oder elfenbeingelblicher, schleimiger, im trockenen Zustand glänzender Oberhaut. **L:** entfernt stehend, am Stiel herablaufend, weiß, im Alter sich leicht gelblich verfärbend. **St:** 5–12 cm lang, 0,5–1 cm dick, schlank, weiß, anfangs voll, später hohl, an der Basis stark schleimig, gegen die Spitze mit weißen, körnchenartigen Flocken. **V:** in Laub- und Nadelwäldern, von September bis November, häufig und gesellig, nicht selten in Hexenringen. **N:** eßbar und wohlschmeckend. **VM:** der bei feuchter Witterung mit einer dicken Schleimschicht überzogene Pilz kann höchstens mit anderen, jedoch selteneren und gleichfalls eßbaren Schnecklingen verwechselt werden.

Frost-Schneckling (Taf. 1, r.), *Hygrophorus hypothejus* FR. (= *Limacium vitellum* SCHW.). **H:** 3–5 (–10) cm breit, anfangs kugelig-glockig, später sich verflachend; Oberhaut in der Jugend schwarz-braun, mit dicker oliv-brauner Schleimschicht,

[1] Bestimmungstabelle s. S. 130

nach deren Verschwinden die oliv-braune bis gelblich-rote Grundfarbe sichtbar wird. **L:** entfernt stehend, am Stiel herablaufend, gelb bis orangegelb. **St:** 5–10 cm lang, 0,5–1 cm dick, schlank, gelb, mit Schleimschicht, die hoch am Stiel ringartig abgesetzt ist. **V:** in Kiefernwäldern und auf Heiden, von Oktober bis Dezember. **N:** nach Entfernen der Schleimschicht (wie auch bei den übrigen Schnecklingen) guter Speisepilz. – Der Frostschneckling ist einer der spätesten Pilze. Er erscheint oft erst nach Einsetzen von Nachtfrösten, wächst meist gesellig und kann auch in steifgefrorenem Zustand verwendet werden.

VM: Ähnlich ist der **Olivbraune** oder **Nattern-Schneckling** (*H. olivaceoalbus* FR.). Er unterscheidet sich von den vorigen durch die weißen Lamellen und den schlanken weißen Stiel, der an der Basis mit unregelmäßig-zackigen, bräunlichen Quergürteln eingetrockneten Schleimes bedeckt ist. Der eßbare Pilz erscheint im Herbst und Spätherbst in Nadelwäldern.

Weitere Arten:

Wohlriechender Schneckling, *Hygrophorus agathosmus* FR. Dieser unscheinbar grau gefärbte Pilz besitzt einen 3–7 cm breiten, dickfleischigen, glatten, klebrigen Hut und weißlichen Lamellen; er unterscheidet sich von den übrigen Schnecklingen durch einen starken, angenehmen Geruch nach Bittermandeln oder Mandelseife und tritt von August bis Oktober meist gesellig in Nadelwäldern auf. Er ist eßbar und kaum mit einem anderen Pilz zu verwechseln.
Purpur-Schneckling. *Hygrophorus russula* (SCHAEFF. ex FR.) QUÉL. Dieser mit roten Täublingen oder Ritterlingen leicht zu verwechselnde Pilz besitzt einen 6–12 cm breiten, schleimig-rosenroten oder fleischig-purpurnen Hut mit eingerolltem Rand. Die dicht stehenden weißen, im Alter rostfleckigen Lamellen laufen nur wenig am Stiel herab. Das weiße, gewöhnlich milde Fleisch kann zuweilen auch bitter schmecken. In diesem Falle ist der sonst eßbare Pilz zu meiden. V.: in Laubwäldern S-Dtschl.s, von August bis Oktober.
Die **Ellerlinge,** *Camarophyllus* (FR.) KARST., unterscheiden sich von den Schnecklingen durch den bei feuchtem Wetter nur nassen, aber nicht schleimig-schmierigen Hut. Die weitstehenden Lamellen laufen meist am vollen Stiel herab.

März-Ellerling (Taf. 2, l.), *Hygrophorus (= Camarophyllus) marzuolus* (FR.) BRÉS. **H:** 4–10 cm breit, glatt, trocken, zuerst gewölbt, später sich verflachend und dann nach allen Seiten hin unregelmäßig verbogen. Solange dieser mit Moos und Blättern bedeckt ist, ist er weiß, an der Luft wird er dunkelfleckig und zuletzt grau bis schwarz. **L:** dick, wachsartig, am Grunde adrig verbunden, nur wenig am Stiel herablaufend, bläulich-weiß, später gelblich. **St:** dick, weißlich, am Grunde etwas gekrümmt. **Fl:** weiß, mild und geruchlos. **V:** truppweise in Laub- und Nadelwäldern der montanen Region, von März bis Mai. **N:** vorzüglicher Speisepilz. **VM:** Dieser bereits im März oder April unmittelbar nach der Schneeschmelze in Bergwäldern auftretende Pilz ist schon deshalb mit keinem anderen zu verwechseln, da es zu dieser Jahreszeit sonst noch keine Hutpilze gibt. Er findet sich gern unter Moos und Laub und ist deshalb nicht leicht zu entdecken. Hat man aber ein Exemplar gefunden, so lohnt sich das Weitersuchen, da diese Art nur truppweise auftritt. In der Schweiz ist der März-Ellerling so beliebt, daß seinetwegen Frühjahrspilzwanderungen unternommen werden.

Wiesen-Ellerling (Taf. 2, r.), *Camarophyllus* (= *Hygrophorus*) *pratensis* (PERS. ex FR.) KARST. **H:** 3–7 cm breit, anfangs glockig und gebuckelt, später sich verflachend und vertiefend, matt und trocken, hellgelblich bis bräunlich-ledergelb, mit scharfem, dünnen Rande. **L:** entfernt stehend, dick, wachsartig, am Stiel herablaufend, etwas blasser als der Hut. **St:** 4–8 cm lang, zum Hut hin allmählich verbreitert, glatt, blaß bis ockergelblich. **Fl:** blaßgelblich, geruchlos. **V:** gesellig auf Wiesen, Weiden und an Waldrändern, zwischen Gras wachsend, von September bis November. **N:** vorzüglicher Speisepilz. **VM:** Da der Wiesen-Ellerling, der mit dem Pfifferling **(s. Taf. 53, l.)** gewisse Ähnlichkeit hat, vorzugsweise auf der Wiese wächst, ist eine Verwechslung mit nicht eßbaren Pilzen kaum gegeben.

Bläuling, Lackpilz (Taf. 3, l.), *Laccaria* (= *Clitocybe*) *laccata* (SCOP. ex FR.) BK. & BR. Dieser recht weit verbreitete und sehr häufige Pilz ist hinsichtlich seiner Färbung so veränderlich, daß er auch als Chamäleonpilz bezeichnet wird. Leicht kenntlich ist nur die prachtvoll violett oder amethystblau gefärbte Varietät *amethystina* VAILL. – auch als eigene Art betrachtet: *L. amethystina* (BOLT ex FR.) BK. & BR. –, während die nach Größe und Hutgestalt recht variable rotbraune Form oft nur an den entfernt stehenden, lachs- oder fleischroten, durch die Sporen weißbepuderten Lamellen kenntlich ist. **H:** 2–7 cm breit, anfangs gewölbt, später flach ausgebreitet und vertieft mit wellig-gekerbtem Rand, dünnfleischig, in der Farbe variabel: fleischfarben-rötlich bis fuchsbraun (var. *rufocarnea*) oder blau-violett (*var. amethystina*). **L:** sehr entfernt stehend, dick, am Stiel angewachsen, lachs-rosa, bräunlich oder violett, im Alter von den Sporen weiß bepudert. **St:** bis 10 cm lang, schlank, zäh, faserig, oft gedreht, von der Farbe des Hutes. **V:** häufig und gesellig in Laub- und Nadelwäldern, an Wegrändern, vom Sommer bis zum Spätherbst. **N:** eßbar, aber wenig schmackhaft.

Der **Falsche Pfifferling** oder **Orangegelbe Gabelblättling (Taf. 3, r.)**, *Hygrophoropsis* (= *Cantharellus; Clitocybe*) *aurantiaca* (WULF. ex FR.) R. MRE, ist ein Pilz, der leicht mit dem **Echten Pfifferling,** *Cantharellus cibarius* (s. S. 108 **u. Taf. 53, l.**) verwechselt werden kann, und schon mancher Pilzsucher hat sich vergeblich gebückt und war enttäuscht, wenn er statt des dickfleischigen Echten Pf. den schlaffen, dünnfleischigen Falschen Pfifferling in den Händen hielt. – Trotz seiner äußeren Ähnlichkeit mit jenem gehört der F. Pfifferling nicht zu den **Leistenpilzen,** sondern wird heute in die Verwandtschaft der Kremplinge gestellt. Früher ordnete man ihn bei den Trichterlingen (*Clitocybe*) ein, von denen er sich aber durch die gegabelten Lamellen unterscheidet. **H:** 3–8 cm breit, flach gewölbt mit eingerolltem Rand, im Alter vertieft; samtig-filzig, dünn- und weichfleischig, biegsam, von lebhaft orangegelber Farbe. **L:** dicht stehend, meist mehrfach gegabelt, von lebhaft orangegelber bis orangeroter Färbung. **St:** 3–6 cm lang, schlank, von der Farbe des Hutes, jedoch mit dunklerer Basis. **Fl:** dünn, biegsam, blaßrötlichgelb, ohne besonderen Geruch und Geschmack. **V:** Häufig und gesellig, vor allem in Nadel- und Mischwäldern, vom Juli bis Ende November. **N:** genießbar, doch wenig schmackhaft. **VM:** Der ähnliche, wohlschmeckende **Echte Pfifferling** ist meist von blaßgelber Farbe, besitzt ein dickes, weißes, zerbrechliches Fleisch von angenehmem Geruch und dickliche, am Stiel herablaufende Leisten.

Der **Hallimasch (Taf. 4, l.)**, *Armillariella* (= *Armillaria; Clitocybe*) *mellea* (VAHL ex FR.) KARST., gehört zu den holzzerstörenden Pilzen, der nicht nur auf morschen Stümpfen auftritt, sondern auch lebende Bäume befällt und diese zum Absterben bringt. Besonders großen Schaden kann der Pilz in jungen Nadelholzkulturen und Obstgärten anrichten. Sein Mycel dringt durch die Rinde ein und bildet zwischen dieser und dem Holzkörper zunächst einen weißen Filz und später feste, braune, wurzelähnliche Mycelstränge (Rhizomorphen), welche das Holz vermorschen und den Baum zugrunde richten. Infolge der Bildung des Leuchtstoffes Luciferin leuchtet das faulende Holz bisweilen im Dunkeln auf. **H:** anfangs kugelförmig gewölbt, ganz geschlossen und mit dem Stiel durch einen Schleier verbunden, später sich verflachend, 5–15 cm breit, in der Farbe sehr veränderlich, von honiggelb bis schmutzig- oder fuchsbraun variierend, am Rande gerieft, mit vergänglichen und abwischbaren, dunkleren, faserigen Schüppchen besetzt, die in größerer Zahl vor allem in der Hutmitte auftreten. **L:** weit stehend, am Stiel angewachsen, zuweilen etwas herablaufend, anfangs weißlich-gelb, später bräunlich und dunkelfleckig, von den Sporen oft weiß bepudert. **St:** 5–15 cm lang, jung mit keuliger Basis, bräunlich, am Grunde oft gelblich, mit gelblich-weißem, oberseits geriefterm Ring. **Fl:** dünn, weißlich, geruchlos, roh von herb-zusammenziehendem Geschmack. **V:** häufig und gesellig in dichten Büscheln, Hut an Hut, auf Stümpfen von Laub- und Nadelbäumen, an alten Stämmen und lebenden Bäumen, von September bis November. In manchen Jahren erscheint der Hallimasch in solchen Mengen, daß er zentnerweise gesammelt werden kann. **N:** eßbar, doch in rohem Zustand leicht **giftig.** Es sind nur die Hüte junger Pilze zu verwenden, da die Stiele zäh und unbekömmlich sind. Empfindlichen Personen ist anzuraten, das Kochwasser wegzuschütten. **VM:** Der Hallimasch kann leicht mit dem eßbaren **Sparrigen Schüppling** *(Pholiota squarrosa,* s. S. 75) verwechselt werden, der aber einen stärker schuppigen Hut sowie einen sparrig-schuppigen Stiel und braunen Sporenstaub besitzt. – Das viel kleinere **Stockschwämmchen** (*Kuehneromyces mutabilis, s.* S. 74 u. **Taf. 20, l.**) hat einen glatten Hut mit hellerem Rand, bräunliche Lamellen, braunen Sporenstaub und einen braunschuppigen Stiel.

Die **Trichterlinge,** *Clitocybe,* sind eine artenreiche Pilzgruppe, die in der heimischen Vegetation mit 60–80, z. T. sehr ähnlichen und nur schwer unterscheidbaren Arten anzutreffen ist. Von den Vertretern anderer Gattungen unterscheiden sie sich durch die am Stiel weit herablaufenden, weißlichen Lamellen sowie die im Alter trichterförmig vertieften Hüte. Einige Arten, z. B. der **Grüne Anis-Trichterling** *(Cl. odora),* zeichnen sich durch einen aromatischen Geruch aus. Fast alle großen Arten sind genießbar, während die kleineren mit Vorsicht zu behandeln sind (s. S. 56).

Eine der häufigsten genießbaren Arten ist der **Nebelgraue Trichterling (Taf. 4, r.),** *Clitocybe nebularis* (BATSCH ex FR.)

QUÉL, der im Herbst in dichten Gruppen, Hexenringen oder Halbkreisen im Laub- und Nadelwald auftritt. **H:** 6–15 cm breit, anfangs stark gewölbt, mit eingerolltem Rand, später sich verflachend und in der Mitte leicht trichterförmig vertieft, hell- bis aschgrau mit abwischbarem, weißem Reif (sicheres Erkennungsmerkmal). **L:** sehr dicht stehend, etwas am Stiel herablaufend, weißlich bis hellockergelblich, sich leicht vom Hutfleisch ablösend. **St:** 6–10 cm lang, an der Basis etwas verdickt und weißfilzig, sonst hellgrau, festfleischig. **Fl:** weiß, fest, von charakteristischem Moos- oder Mehlgeruch und süßlich-würzigem Geschmack. **V:** häufig und gesellig in Laub- und Mischwäldern, von September bis November. **N:** Als Mischpilz brauchbar; in größeren Mengen genossen nicht immer bekömmlich. Es sind nur junge Exemplare zu sammeln; vor der Zubereitung abbrühen und das Brühwasser wegschütten! Verwechslungsmöglichkeiten sind durch den feinen schimmelartigen Reif auf der Hutoberfläche und den typischen Geruch kaum gegeben. Jüngere Exemplare können allenfalls mit denen des giftigen **Riesenrötlings** (*Rhodophyllus sinuatus,* s. S. 77, **Taf. 23, l.**) verwechselt werden. Doch besitzt dieser entfernt stehende und am Stiel ausgebuchtete Lamellen, die im Alter eine rötliche Färbung annehmen.

Weitere Trichterlinge: Der **Weiße Riesen-Tr.,** *Leucopaxillus giganteus* (FR.) SING, ist einer der größten Lamellenpilze, dessen 15–30 cm breiter, weiß bis schmutzig-weißer, glatter und matter **Hut** im Alter trichterförmig vertieft ist. Die dichtstehenden, oft gegabelten und am Stiel herablaufenden, weißen **Lamellen** nehmen im Alter eine gelbliche Farbe an. Das weiße Fleisch riecht nach Mehl. **V:** Auf Wiesen, Weiden und grasigen Waldlichtungen, meist in Trupps oder Hexenringen, von Juli bis September. **N:** eßbar.
Sehr groß wird auch der **Lederfarbene Riesen-Tr.,** (Mönchskopf), *C. geotropa* (BULL. ex FR.) QUÉL., dessen hell lederfarbener oder rötlich-gelber **Hut** einen Durchmesser von 10–15 (–25 cm erreicht; er ist im Alter trichterförmig vertieft und besitzt in der Mitte einen kleinen Buckel. Die weißlich-lederfarbigen Lamellen laufen weit am Stiel herab. Auffallend ist der 10–15 cm lange, spitzenwärts sich verjüngende Stiel. **V:** selten, aber gesellig in Laubwäldern, an grasigen Waldrändern, im Gebüsch, von Oktober bis November. **N:** nur jung eßbar.
Eine durch ihren anisartigen Geruch und die eigentümliche Farbe recht auffällige Art ist der **Grüne Anis-Tr.,** *C. odora* (BULL. ex FR.) QUÉL., dessen 4–8 cm breiter Hut von grünspaniger, später ausblassender Farbe ist; die am Stiel etwas herablaufenden Lamellen sind wenig heller gefärbt als der Hut; das blaßgrünliche Fleisch zeichnet sich durch einen starken Anisgeruch aus. **V:** Gesellig in Laub- und Nadelwäldern, von Juli bis November. **N:** eßbar.
Der **Ockerbräunliche** oder **Gemeine T.,** *C. infundibuliformis* (SCHAEFF. ex. FR.) QUÉL., ist ein sehr regelmäßig gewachsener Pilz mit einem 4–8 cm

breiten, im Alter trichterförmig vertieften **Hut,** der in der Mitte einen kleinen spitzlichen Buckel besitzt. Die Farbe variiert von lederfarben-ockerfarben bis bräunlich; die weißlich-blassen Lamellen laufen weit am Stiel herab; das weiße Fleisch besitzt einen angenehmen, bittermandelähnlichen Geruch. **V:** häufig und gesellig, meist in Hexenringen in Nadel- und Laubwald von Juli bis Oktober. **N:** nach Entfernung der Stiele guter Mischpilz.

Zu den giftigen Trichterlingen gehört der **Ringbereifte T.,** *Clitocybe rivulosa* (PERS. ex FR.) QUÉL., ein kleiner Pilz mit fleischrötlich-bräunlichem, weiß bereiftem, anfangs gewölbtem, später niedergedrücktem, 2–5 cm im Durchm. großem Hut und weißlichen Lamellen; Fleisch von leicht erdigem Geruch. **V:** meist außerhalb des Waldes. **N: stark giftig.**

Als giftig gilt auch der **Feld-Tr.,** *Clitocybe dealbata* (SOW. ex FR.) GILL., ein kleiner, außerhalb des Waldes wachsender Pilz mit weißem, weiß bereiftem, zuweilen gräulichem, gewölbtem bis niedergedrücktem Hut, weißen Lamellen und Stiel; Fleisch von mehlartigem Geruch.

Die **Ritterlinge**[1], *Tricholoma,* sind meist große, auffallende Pilze mit fleischigem Hut und um den Stiel herum eingebuchteten Lamellen (Fig. 8, II). Sie sind keine einheitliche Pilzgruppe und werden deshalb auch von einigen Systematikern in eine Reihe selbständiger Gattungen aufgespalten: so werden die auf Holz wachsenen R. (*T. rutilans*) in der Gattung *Tricholomopsis,* die sich durch violette Farbtönungen auszeichnenden **Rötel-R.** in der Gattung *Lepista* zusammengefaßt.

Eine der frühesten Arten ist der **Mai-Ritterling** oder **Maipilz (Taf. 5, l.),** *Calocybe gambosa* (FR.) DONK. [= *Tricholoma georgii* (CLUS. ex FR.) QUÉL.] der zu den edelsten Speisepilzen zählt. **H:** dickfleischig, anfangs stark gewölbt, mit eingerolltem Rand, später sich verflachend, oft wellig verbogen, glatt, trocken, weiß-elfenbeinfarbig bis ockergelblich. **L:** sehr dicht stehend, tief ausgebuchtet, weißlichgelb, zerbrechlich. **St:** kurz (4–8 cm lang), gedrungen, an der Basis oft verdickt, von der Farbe des Hutes. **Fl:** dick, anfangs fest, weißlich, von intensivem Mehl- oder Gurkengeruch. **V:** von Ende April bis Juni an Straßen, Waldrändern, in Gebüsch, Parkanlagen, oder auch im Nadelwald, stets gesellig und nicht selten in Hexenringen. **N:** Geschätzter und vorzüglicher Speisepilz. **VM:** An gleichen Standorten können Ende Juni die ersten Exemplare des **Ziegelroten Rißpilzes** (*Inocybe patouillardii,* s. S. 76, Taf. 22, r.) auftreten. Diese sind an dem braungelblich-rötlich sich verfärbenden Hut, dem rot anlaufenden Fleisch und dem fehlenden Mehlgeruch vom Mai-Ritterling zu unterscheiden.

Der **Schwarzfaserige Ritterling, Schneepilz** oder **Rußkopf**

[1] Bestimmungstabelle der einzelnen Arten auf S. 145

(Taf. 5, r.) *Tricholoma portentosum* (FR.) QUÉL., erscheint im Gegensatz zu vorigem sehr spät und ist häufig noch unter dem ersten Schnee zu finden. **H:** anfangs glockig gewölbt, später ausgebreitet und oft verbogen, 6–12 cm im Durchmesser, klebrig, grau oder nußbraun, mit schwarzen, zur Hutmitte verlaufenden Fasern. **L:** weißlich-blaß, im Alter schwach gelblich. **St:** 5–10 cm hoch, schwach seidig-glänzend, weiß bis gelblichgrün. **Fl:** weiß, nach Mehl oder Gurken riechend; Geschmack mild. **V:** in Nadel(Kiefern-)Wäldern, von September bis Dezember, nicht selten. **N:** sehr guter Speisepilz.

Ebenfalls recht spät im Jahr erscheint der **Echte Ritterling, Grünling** oder **Grünreizker (Taf. 6, l.)**, *Tricholoma flavovirens* (PERS. ex FR.) LUND [= *T. equestre* (L. ex FR.) QUÉL.] der als wichtiger Speisepilz gilt, aber nicht in allen Gebieten Deutschlands gleich häufig vorkommt. Die Fruchtkörper entwickeln sich unter der Erdoberfläche und bleiben zuweilen im Boden stecken, von Moos- und Nadelstreu überdeckt, so daß sie nicht immer leicht zu sehen sind. **H:** 4–8 cm breit, anfangs halbkugelig gewölbt, später flach, oft verbogen, in der Jugend klebrig, hellgelb bis olivgelb, häufig mit brauner, feinschuppiger Mitte; Oberhaut leicht abziehbar. **L:** tief am Stiel ausgebuchtet, gedrängt stehend, leuchtend gelb. **St:** 4–6 cm lang, oft tief im Boden steckend, voll, schwefelgelb. **Fl:** fest, weißlich, unter der Oberhaut zitronengelblich, von mildem Geschmack und schwach mehligem bis gurkenähnlichem Geruch. **V:** Stellenweise häufig in sandigen Kiefernwäldern und auf Heiden (im südlichen Bayern selten), von September bis Spätherbst. **N:** wohlschmeckender und ergiebiger Speisepilz. Bei Verschmutzung ist die Oberhaut abzuziehen. **VM:** ähnlich ist der in Laubwäldern häufige **Schwefel-Ritterling,** *T. sulphureum* (S. 59 u. **Taf. 7, l.**), der sich von jenem aber durch den unangenehmen, widerlichen Geruch nach Leuchtgas unterscheidet.

Ein Ritterling von eigenartiger Farbe ist der **Violette Ritterling (Taf. 6, r.)** *Lepista nuda* (BULL. ex FR.) COOKE [= *Tricholoma nudum* BULL.), der überall häufig auftritt und noch eine gute Ernte liefert, wenn die meisten übrigen Pilze schon verschwunden sind. **H:** 6–12 cm breit, anfangs halbkugelig mit eingerolltem Rand, später ausgebreitet, glatt, etwas glänzend, lebhaft violett bis braunviolett, später ausblassend. **L:** lebhaft violett, später bräunlich, dünn und gedrängt stehend. **St:** 4–7 cm lang, am Grunde etwas verdickt, etwas heller violett als der Hut. **Fl:** violett, später ausblassend, von aromatischem Geruch und süßsäuerlichem Geschmack. **V:** häufig und gesellig von September bis November in Laub- und Nadelwäldern. **N:** guter Speisepilz.

Ähnlich sind die folgenden: der eßbare **Blaßblaue R.,** *Lepista glaucocana* (BRES.) SING. (= *Tricholoma glaucocanum* BRES.) dessen Fleisch sich durch einen mehlartigen Geruch auszeichnet. Er ist häufig in den Nadelwäldern Süddeutschlands. Der ebenfalls eßbare **Lilastielige R.,** *Lepista personata* (FR. ex FR.) COOKE (= *Tricholoma personatum* FR.), besitzt einen blaßbräunlichen Hut. Er ist seltener im Walde, häufiger hingegen auf Wiesen und in Obstgärten.

Der **Fleischbraune R.,** *Lepista sordida* (FR.) SING. (= *Tricholoma sordidum* FR.) unterscheidet sich von den beiden vorigen durch seinen wenig angenehmen Geruch, den büscheligen Wuchs und den dünnfleischigen, durchwässerten, oft gebuckelten, im Alter unregelmäßig verbogenen Hut. **V:** Vom Herbst bis zum Winter (in milden Wintern meist bis zum nächsten Frühjahr) außerhalb des Waldes in Gärten, auf Komposthaufen, an Wiesenrändern u. ä. Orten. Eßbar.

Schwefelritterling (Taf. 7, l.), *Tricholoma sulphureum* (BULL. ex FR.) QUÉL. **H:** 3–7 cm im Durchmesser, schwefelgelb, später mit bräunlich-roter Mitte. **L:** entfernt stehend, breit, schwefelgelb. **St:** bis 10 cm lang, schlank, längsfaserig, von der Farbe des Hutes. **Fl:** lebhaft schwefelgelb, von scharfem Geschmack und widerlichem Geruch nach Leuchtgas. **V:** häufig und gesellig, vorwiegend in Laubwäldern, von September bis Oktober. **N:** ungenießbar; gilt als **giftig. VM:** Der Schwefelritterling ist dem Grünling sehr ähnlich, unterscheidet sich von diesem aber durch den initensiven Geruch und im Standort (s. S. 58).

Rötlicher oder **Purpurfilziger Ritterling (Taf. 7, r.),** *Tricholomopsis* (*Tricholoma*) *rutilans* (SCHFF. ex Fr.) SING. **H.** 5–12 cm im Durchmesser, anfangs aufgewölbt, später flach ausgebreitet; Oberhaut mit feinen dunkelpurpurfarbigen Schüppchen auf gelbem Untergrund. **L:** schwefel- bis goldgelb. **St:** 5–12 cm lang, fest, von gelber Farbe, gleich dem Hut rötlich-schuppigfilzig. **Fl:** gelb, von etwas modrigem Geruch. **V:** einzeln oder zu mehreren auf alten, vermorschten Nadelholzstümpfen, von Juni bis November. **N:** kaum genießbar.

Der **Tiger-Ritterling (Taf. 8, l.)**, *Tricholoma pardinum* QUÉL. (= *T. tigrinum* SCHFF.), ist einer der giftigen Ritterlinge, dessen Giftigkeit erst in letzter Zeit erkannt worden ist und dessen Genuß vor allem in der Schweiz zu zahlreichen Unglücksfällen geführt hat. **H:** 6–10 cm breit, anfangs glockig mit eingerolltem Rand, später ausgebreitet, trocken, silber- bis violettgrau, mit breiten, entfernt stehenden, dunkelgraubraunen faserigen Schuppen, deshalb wie getigert erscheinend. **L:** trüblich-weiß mit grünlichgelber Tönung, entfernt stehend, am Stiel ausgebuchtet, abgerundet, bei Nässe an der Schneide Wassertropfen ausscheidend. **St:** 4–8 cm lang, kräftig, gedrungen, oft bauchig und knollig, weiß, bei Nässe an der Spitze häufig mit Wasserperlen. **Fl:** weißlich, unter der Hutoberhaut grau, von mehlartigem Geruch und mildem Geschmack. **V:** von Juli bis Oktober in lichten Buchenwäldern auf Kalk, aber auch in Nadelwäldern; nur im Gebirge häufiger. In Deutschland scheint der Pilz selten zu sein. **N: giftig.**

VM: Der Tiger-Ritterling ist leicht mit dem eßbaren **Erdritterling**, *T. terreum* (SCHAEFF. ex FR.) Kummer, zu verwechseln. Dieser besitzt einen 4–8 cm breiten, dunkel-mausgrau bis braungrau gefärbten Hut, der mit dichtstehenden, bräunlichen Faserschuppen besetzt ist. Der 3 bis 6 cm hohe, faserige Stiel ist im Alter nahezu hohl; das grauweißliche, unter dem Hut graue Fleisch riecht nicht nach Mehl und zeichnet sich durch einen milden Geschmack aus. – Der Erdritterling tritt häufig und gesellig von Juli bis Oktober in Nadelwäldern und auf Heiden auf. – Ähnlich ist auch der eßbare **Gilbende Ritterling**, *T. scalpturatum* (FR.) QUÉL., dessen weißliche Lamellen sich im Alter vom Hutrand her zitronengelb verfärben und dessen Fleisch stark nach Mehl riecht. Beim Sammeln der grauen Ritterlinge muß zu äußerster Vorsicht gemahnt werden!

Der **Samtfuß-Rübling** oder **Winterpilz (Taf. 8, r.)**, *Flammulina velutipes* (CURT. ex FR.) SING [= *Collybia v.* (FR.) QUÉL.] ist ein Pilz, der noch um die Weihnachtszeit gesammelt werden kann und in milden Wintern bis zum März anzutreffen ist. **H:** 3–6 (–10) cm breit, dünnfleischig, klebrig-glänzend, lebhaft honig- bis rotgelb mit dunklerer Mitte. *L:* gelblichweiß, mit weißem Sporenstaub. **St:** 3–8 cm lang, an der Basis oft verschmälert und plattgedrückt, zäh, im Alter hohl, an der Spitze gelblich, an der Basis rotbraun-schwarzbraun, fein samtfilzig. **Fl:** weißlich, ohne besonderen Geruch. **V:** in Büscheln an Stämmen lebender oder Stümpfen abgeschlagener Laubbäume, besonders an Weiden, seltener an Nadelhölzern, vom Spätjahr bis zum März. **N:** eßbar, nach Entfernung der zähen Stiele. Auch steifgefrorene Pilze liefern noch recht schmackhafte Gerichte. – **VM:** Eine Verwechslung mit andern Pilzen ist wegen der späten Jahreszeit kaum möglich.

Es gibt noch zahlreiche weitere Arten der Gattung, von denen viele an Holz und alten Baumstümpfen wachsen. Einige sind auch Erdbewohner, die mit einer wurzelartigen Verlängerung des Stieles tief im Boden sitzen. Mehrere Arten sind nach Entfernung der Stiele eßbar; Giftpilze unter ihnen sind nicht festgestellt worden.
Die **Schwindlinge,** *Marasmius,* sind ziemlich kleine Pilze mit knorpeligem oder hornartigem, dem Hut fest verbundenen Stiel. Sie können nach völligem Eintrocknen bei Zufuhr von Feuchtigkeit ihre alte Form wieder annehmen. Die Schwindlinge stehen den Rüblingen recht nahe und sind von diesen nicht immer scharf zu trennen.

Feld- oder Nelken-Schwindling (Taf. 9, l.), *Marasmius oreades* (BOLT. ex FR.) FR. (= *M. caryophylleus* SCHAEFF.). **H:** 2–5 cm breit, anfangs kegelförmig, später ausgebreitet und schwach gebuckelt, glatt, ledergelb, bei feuchtem Wetter etwas dunkler. **L:** weißlich, breit, dicklich, sehr entfernt stehend, ungleich lang und am Grunde adrig verbunden. **St:** 4–7 cm lang, dünn, zäh, oft feinfilzig, am Grunde weißlich. **Fl:** blaßgelblich, angenehm würzig riechend und nußkernartig schmeckend. **V:** häufig und gesellig, oft in Kreisen und Ringen, von Mai bis November zwischen Gras auf Wiesen und Weiden, an Wegrändern, selten im Wald. **N:** Wohlschmeckender Speise- und Suppenpilz. Eignet sich auch zum Trocknen und zur Herstellung von Pilzpulver. Die zähen Stiele sind wegzulassen. Man nehme nur frische Pilze.

VM: Der ähnliche ungenießbare Brennende Rübling, *Collybia peronata* (BOLT. ex FR.) Sing (= *Marasmius urens* FR.) unterscheidet sich von vorigem durch seinen brennend-scharfen Geschmack; auch wächst er im Walde.

Knoblauch-Schwindling, Küchen-Schw., Echter Mousseron (Taf. 9, r.), *Marasmius scorodonius* (FR.) FR. **H:** 1–2,5 cm breit, flach ausgebreitet und wellig verbogen, anfangs rotbraun, später ausblassend. **L:** entfernt stehend, weißlich. **St:** 2–5 cm lang, knorpelig-zäh, hornartig, glatt, glänzend rotbraun, an der Basis schwärzlich. **Fl:** von starkem Geruch und Geschmack nach Knoblauch. **V:** häufig und gesellig von Juni bis zum

Herbst in Nadelwäldern und auch außerhalb des Waldes zwischen Gras. **N:** begehrter Würzpilz, der unter dem Namen ›Echter Mousseron‹ gehandelt wird und bevorzugt zum Würzen von Braten und Soßen dient. Da die Geruchsstoffe beim längeren Braten und Kochen zerstört werden, wird geraten, den Pilz erst in den letzten Minuten dem Gericht zuzugeben.

VM: Wenn man auf den kahlen, glänzend-rotbraunen Stiel und den Knoblauchgeruch achtet, ist eine Verwechslung mit anderen Schwindlingen kaum möglich. Zwar zeichnet sich auch der **Saitenstielige Knoblauch-Schwindling,** *M. alliaceus* (JACQ. ex FR.) FR., durch einen intensiven Knoblauchgeruch aus, doch besitzt dieser einen schwarz-samtigen Stiel. – Der massenhaft in Fichtenwäldern auftretende auf abgefallenen Nadeln wachsende **Nadel-Schwindling,** *M. perforans* (HOFFM. ex FR.) Sing., dient Pilzverkäufern gelegentlich zum Verfälschen und Strecken des Echten Mousserons. Von diesem ist er leicht durch den borstenförmigen, matt braunschwarzen, feinsamtigen Stiel und den unangenehmen Geruch zu unterscheiden.
Die **Seitlinge,** *Pleurotus,* sind dadurch charakterisiert, daß der Stiel nicht der Mitte des Hutes angeheftet ist, sondern diesem seitlich ansitzt (Fig. 4, *III*), zuweilen auch ganz fehlt. Der Sporenstaub ist weiß. Alle Arten wachsen auf Holz.

Die beiden folgenden Arten werden neuerdings zu den *Polyporales* gestellt:
Eine schmackhafte, auch mit Erfolg zu kultivierende Art ist der **Austern-Seitling (Taf. 10, l.),** *Pleurotus ostreatus* (JACQ. ex. FR.) QUÉL. **H:** 5–15 (–30) cm breit, rundlich oder halbrund, muschel-, spatel- oder zungenförmig, etwas schräg nach oben gerichtet, glatt, grau, graubraun, schwärzlich oder olivgraubräunlich. **L:** weißlich, am Stiel herablaufend. **St:** dem Hut seitlich ansitzend, kurz, dick, am Grunde mit steifen weißen Haaren. **Fl:** dick und weich, weiß, im Alter zäh. **V:** büschelweise und koloniebildend an alten Stämmen, bevorzugt von Laub- (Pappeln, Weiden, Buchen), seltener an Nadelhölzern, vom September bis zum Winter. **N:** schmackhafter Speisepilz; nur junge Hüte sammeln, Fleisch wird im Alter zäh.
Anis-Sägeblättling (Taf. 10, r.), *Lentinellus cochleatus* FR. **H:** 4–8 cm breit, anfangs eingerollt, später blattartig ausgebreitet mit verbogenem Rand, ockerfarbig bis rötlichbraun. **L:** am Stiel herablaufend, mit unregelmäßig gekerbter Schneide, von der Farbe des Hutes. **St:** seitlich dem Hut ansitzend, 3–8 cm lang, rippig-runzelig, bräunlich. **Fl:** dünn, zäh, von intensivem Anisgeruch. **V:** gruppen- und büschelweise an Stümpfen von

Laubbäumen, meist von Buchen, von Juli bis Oktober, nicht selten. **N:** in jungem Zustand eßbar. **VM:** Die braune Färbung, der starke Anisgeruch und die gekerbten Lamellenschneiden schließen eine Verwechslung mit anderen Pilzen aus.

Die **Wulstlinge,** *Amanita,* sind weißsporige Blätterpilze, deren Stiel sich leicht vom Hut trennen läßt. Die weißen oder gelben Lamellen sind nicht am Stiel festgewachsen. Weitere charakteristische Merkmale sind der Besitz eines Ringes oder Manschette, einer mehr oder weniger deutlich entwickelten Scheide oder Flockengürteln an der knollig verdickten Stielbasis und abwischbarer Flockenschuppen auf dem Hut. Alle diese Merkmale grenzen die Wulstlinge scharf gegen andere Pilzgruppen ab. Neben einigen guten Speisepilzen (Perlpilz, Kaiserpilz) enthält die Gattung auch sehr gefährliche Giftpilze: vom Grünen und Weißen Knollenblätterpilz reicht ein einziger Pilz aus, um nach qualvollem Leiden den Tod herbeizuführen (s. S. 40). Da die Beschaffenheit der Stielbasis ein wichtiges Merßmal zur Unterscheidung und zum Erkennen der einzelnen Arten ist, dürfen Wulstlinge niemals abgeschnitten, sondern müssen vorsichtig aus dem Boden herausgedreht werden!

Einer der gefährlichsten Giftpilze der heimischen Pilzvegetation ist der **Grüne Knollenblätterpilz (Taf. 11, l.),** *Amanita phalloides* (VAILL. ex FR.) SECR. Wenn der junge Pilz den Boden durchbricht, ist er vollständig von der weißen, eiförmigen Hülle umschlossen, die nach Streckung des Pilzkörpers als abstehende, zackig zerrissene Scheide an der Stielbasis zurückbleibt (Fig. 20, *I*). **H:** anfangs glockig gewölbt, später flach ausgebreitet, 7–12 cm breit, bei feuchtem Wetter klebrig, hell-

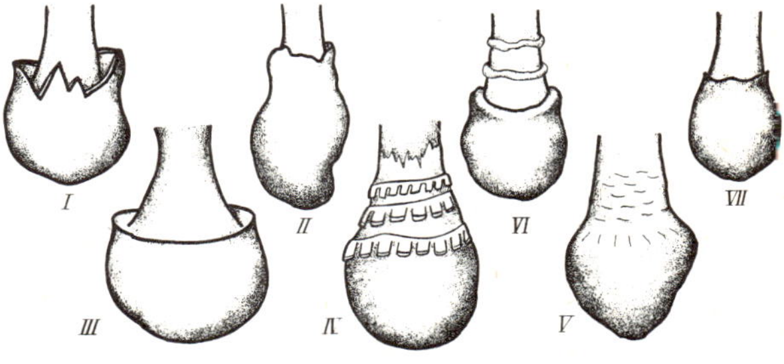

Fig. 20. Stielbasen der **Knollenblätterpilze,** *Amanita*-Arten: *I* Grüner Knollenblätterpilz, Kaiserpilz; *II* Weißer Knollenblätterpilz; *III* Gelblicher Knollenblätterpilz; *IV* Fliegenpilz; *V* Perlpilz, Grauer Wulstling; *VI* Pantherpilz; *VII* Narzissengelber Wulstling (n. Jahn).

oder dunkelolivgrün mit dunkleren Faserstrichen, im Alter nur selten mit weißen Hüllresten. **L:** rein weiß, ungleich lang, breit und dicht stehend. **St:** schlank, 8–13 cm lang, weißlich, mit grünlichen, zackigen Querbändern, am Grunde knollig verdickt mit abstehender Scheide und langer, herabhängender Manschette. **Fl:** weiß, von mildem Geschmack; Geruch anfangs angenehm, fast honigartig, dann zunehmend aufdringlicher und widerlich. **V:** in Laubwäldern, besonders unter Eichen, seltener in Nadelwäldern, von Juli bis Oktober. **N: tödlich giftig!** Über die Symptome der Vergiftung s. S. 40. **VM:** Wenn man auf die typischen Merkmale: Manschette und Stielbasis mit Scheide, sowie die rein weißen Lamellen achtet, ist eine Verwechslung mit anderen grünhütigen Pilzen nicht gegeben. Blasse Formen könnten allenfalls mit Egerlingen verwechselt werden; diese besitzen aber rötliche bis schokoladenbraune Lamellen.

Der **Frühlingsknollenblätterpilz,** *A. phalloides* var. *verna* BULL. unterscheidet sich vom Grünen K. durch die rein weiße Farbe des Hutes; auch kommt er mehr im Süden des Landes vor und erscheint bereits im Frühling. – Die sehr ähnlichen Egerlinge, *Agaricus,* mit denen der Frühlings-K. verwechselt werden könnte, besitzen schon in der Jugend graurötliche oder rosafarbige Lamellen und entbehren der Scheide an der Stielbasis.

Ein ebenfalls lebensgefährlich giftiger Pilz ist der **Weiße Knollenblätterpilz (Taf. 11, r.),** *Amanita verna* (BULL. ex FR.) PERS. ex VITT. ex SECR. **H:** anfangs eiförmig, dann spitz kegelig, zuletzt glockig-gewölbt, in trocknem Zustand glänzend, ohne Hüllreste, bei feuchtem Wetter klebrig-schmierig, weiß, später in der Mitte elfenbeinfarbig. **L:** reinweiß, ungleich lang, mit flockiger Schneide. **St:** schlank, gleichmäßig dick, 8–15 cm lang, weißfaserig oder schuppig, mit weißer, dünner, häufig zerfetzter und geriefter Manschette; Stielknolle mit weißhäutiger, dünner, meist anliegender Scheide (Fig. 20, *II). **Fl:** weiß, weich, von mildem Geschmack und wenig ausgeprägtem Geruch. **V:** von Juli bis Oktober, vor allem in Fichtenwäldern, aber auch unter Buchen. **N: lebensgefährlich giftig. VM:** Von Anfängern wird der Weiße K. meist für den Schaf-Champignon *(Agaricus arvensis)* gehalten, der sich von jenem aber durch rosafarbige, im Alter schokoladenbraune Lamellen und das Fehlen einer Scheide an der Stielbasis unterscheidet (s. S. 71 u. Taf. 17, l.).

Gelblicher Wulstling, G. Knollenblätterpilz (Taf. 12, l.), *Amanita citrina* (SCHAEFF.) GRAY (= *A. mappa* BATSCH). **H:** anfangs halbkugelig gewölbt, später flach ausgebreitet, 5 bis 10 cm breit, fettig-glänzend bis klebrig, hellgelblich bis gelbgrünlich oder weißlich, mit gleichfarbigen, selten fehlenden, jedoch durch Regen abwischbaren Hüllresten (Schuppen). **L:** weißlich. **St:** schlank, 8–12 cm lang, weißlich, an der Basis mit auffallend hervortretender Knolle, die einen scharfen, deutlich abgesetzten Rand besitzt (Fig. 20, *III*). Manschette hoch am Stiel hängend, weiß oder gelblich. **Fl:** weiß, weich, von rübenähnlichem Geschmack und deutlichem Geruch nach rohen Kartoffeln. **V:** häufig in Laub- und Nadelwäldern, von Juli bis Oktober. **N:** ungenießbar; in großer Menge genossen **giftig.** Früher galt der Gelbe W. als lebensgefährlich giftig. Erst in letzter Zeit hat man erkannt, daß wenige Exemplare harmlos sind und erst nach Verzehren einer größeren Menge Beschwerden sich einstellen. Da es genug andere eßbare Pilze gibt, sollte der Gelbe W. gemieden werden.

Ähnlich ist der **Narzissengelbe W.,** *A. gemmata* (s. S. 68), der einen gerieften Hutrand, eine schlanke eiförmige Knolle besitzt und des Kartoffelgeruchs entbehrt.

Wer denkt nicht an die Märchenbücher der Kinderzeit zurück, wenn er im dunklen Fichtenwald den schönsten aller heimischen Pilze sieht, den prächtigen und lebhaft gefärbten **Fliegenpilz (Taf. 12, r.),** *Amanita muscaria* (L. ex FR.) HOOK. Er ist im Spätsommer und Herbst eine auffallende Erscheinung der Waldwege und Schneisen. Wenn wir ihn auch nicht genießen können, so sollten wir uns doch an ihm erfreuen und ihn nicht in sinnloser Zerstörungswut zerschlagen oder zertreten, wie man dies leider so oft beobachten kann. – Wenn der Pilz aus der Erde schlüpft, gleicht er einem Ei, das von krümeligen Warzenkränzen geziert ist. Bald aber zerreißt die Hülle, und jetzt erst entfaltet der Pilz seine Farbenpracht. **H:** halbkugelig bis flach ausgebreitet, bis 20 cm im Durchmesser, fettig glänzend, klebrig, leuchtend scharlach- oder orangerot, seltener gelbbraun, mit weißen bis gelblichen abwischbaren Hüllresten. **L:** rein weiß bis leicht gelblich, dicht stehend, mit flockiger Schneide. **St:** schlank, bis 25 cm lang, mit weißlicher, hängender

Manschette und verdickter Knolle, die mehrere Gürtel warziger Schuppen trägt (Fig. 20, *IV*). **Fl:** weiß und weich, unter der Hutoberfläche gelblich, fast geruchlos. **V:** häufig, besonders unter Nadelbäumen und Birken, von August bis November. **N:** Über die Genießbarkeit des Fliegenpilzes ist schon viel geschrieben worden (s. auch S. 42); wenngleich er bisweilen auch unschädlich sein kann, so scheint es doch **giftige** Rassen zu geben; vor seinem Genuß ist dringend zu warnen. Man hüte sich, Fliegenpilze ohne Schuppen auf dem Hut für den **Kaiserpilz** *(A. caesarea)* oder für rote, eßbare Täublinge zu halten.

Früher wurde der Fliegenpilz als Mittel gegen Fliegen benutzt: diese wurden durch gesüßte Milch, in der Fliegenpilze gekocht waren, angelockt und wurden durch deren Genuß, allerdings nur vorübergehend, betäubt.

Einer der edelsten Pilze der Mittelmeerländer ist der **Kaiserling (Taf. 13, l.),** *Amanita caesarea* (SCOP. ex FR.) PERS. ex SCHW., der, worauf sein Name hindeutet, bereits den römischen Kaisern als Leckerbissen galt. **H:** 8–15 cm breit, gewölbt, glatt, glänzend, am Rande meist gerieft, von leuchtend roter oder orangegelber Farbe. Nur selten haften einige Hüllreste auf dem Hut in Form breiter, weißer Schuppen. **L:** dicht stehend, von narzissengelber Farbe. **St:** gedrungen, 8 bis 15 cm lang, gelblich, mit gelber Manschette, am verdickten Grunde mit dickhäutiger, abstehender weißer Scheide (Fig. 20, *I*). **Fl:** dick und weiß, unter der sich schwer ablösenden Hutoberhaut von leicht gelblicher Farbe. **V:** im Spätsommer, besonders in heißen Jahren, in Eichenwäldern, auf Lichtungen und auf Heiden. In Südfrankreich und Italien häufig, in Deutschland nur in den wärmsten Gegenden Süd- und Südwestdeutschlands (Pfalz). Dieser stattliche Pilz ist infolge seiner Seltenheit dem Schutze aller Naturfreunde und Pilzsammler anempfohlen! **VM:** Eine Verwechslung ist nur mit der orangeroten Form des Fliegenpilzes möglich, doch besitzt dieser an der Stielbasis keine Scheide und reinweiße Lamellen.

Eine weiterer, recht schmackhafter Wulstling ist der **Perlpilz (Taf. 13, r.),** *Amanita rubescens* (PERS. ex FR.) GRAY. **H:** anfangs halbkugelig gewölbt, später sich verflachend, 5 bis 12 (–15) cm breit, von verschiedener Farbe: braunrötlich, fleischrötlich, gelbrötlich oder rötlichweiß, mit leicht abwischbaren, rötlichen oder gräulich-rötlichen, jedoch niemals reinweißen Schuppen. **L:** gedrängt stehend, in der Jugend weiß, im Alter rötlich oder rötlich gefleckt. **St:** kräftig, 8–15 cm lang, rötlichweiß oder gelbrötlich, faserschuppig, mit großer, hängender, geriefter Manschette, an der Basis verdickt und ohne deutlichen Absatz in eine kräftige, gürtelig beschuppte oder auch glatte Knolle übergehend (Fig. 20, V.). **Fl:** weiß, unter der Hutmitte fleischrot und sich beim Durchschneiden oder bei Verletzung langsam fleischfarbig, verfärbend, geruchlos. **V:** häufig in Laub- und Nadelwäldern, von Juni bis Oktober. **N:** ausgezeichneter, wohlschmeckender, aber meist von Maden zerfressener Speisepilz. Eignet sich nicht zum Trocknen. Nicht roh genießbar! **VM:** Man achte beim Sammeln stets auf das sich rötende Fleisch, das beim ähnlichen (giftigen) **Pantherpilz,** *A. pantherina* **(Taf. 14, l.)** unverändert weiß bleibt und dessen Manschette nicht gerieft ist. – Der gleichfalls ähnliche **Graue Wulstling,** *A. pissa* **(Taf. 14, r.),** besitzt zwar eine geriefte Manschette, jedoch weißes bis gräuliches, nicht rötendes Fleisch. – Bei der braunen Form des Fliegenpilzes ist das Fleisch unter der Huthaut gelblich gefärbt und die Stielbasis mit Flockenkränzen versehen.

Zu den giftigen Wulstlingen gehört der **Panther-Wulstling** oder **Pantherpilz (Taf. 14, l.),** *Amanita pantherina* (DC. ex FR.) SECR. **H:** anfangs halbkugelig gewölbt, sich später verflachend und in der Mitte eingetieft, 5–10 cm breit, mit breitgerieftem Rand, von dunkelbrauner, graubrauner oder blaßbrauner Farbe, mit kleinen, reinweißen, häufig in Kreisen angeordneten Schuppen bedeckt. **L:** weiß, ziemlich breit. **St:** schlank, im Alter hohl, weiß, mit weißer, herabhängender, nicht geriefter Manschette. Stielbasis knollig verdickt mit deutlich durch eine Furche abgesetzte Scheide, in welche der Stiel wie ›eingetopft‹ erscheint (›Stulpenscheide‹, Fig. 20, *VI*); darüber oft noch 1–2 gürtelartige Schuppenkreise. **Fl:** weiß, sich nicht verfärbend, von kartoffel- oder rettichartigem Geruch. **V:** vom Juli bis zum Herbst in Laub- und Nadelwäldern, nicht in allen Gebieten und Jahren gleich häufig. **N: giftig!** In alten Pilzbüchern wird der Pantherpilz noch als eßbar bezeichnet, was wohl auf eine Verwechslung mit dem ähnlichen

Grauen oder **Gedrungenen Wulstling (Taf. 14, r.),** *Amanita spissa* (FR.) QUÉL., zurückzuführen ist. Dieser unterscheidet sich von jenem durch die oberseits deutlich geriefte Manschette und die Beschaffenheit der Stielknolle, die niemals vom Stiel abgesetzt ist, sondern häufig nur einige Schuppenkränze trägt (Fig. 20, *V*). **H:** 6–12 cm breit, anfangs halbkugelig, im Alter verflachend, am Rande nicht gerieft, heller oder dunkler grau oder graubraun mit weißlichgrauen bis grauen, abwischbaren, mehligen Hüllresten. **L:** weiß, bauchig am Stiel abgerundet, mit flockiger Schneide. **St:** meist gedrungen, aber auch schlank, weiß bis grauweiß, mit einer hochsitzenden, oberseits gerieften weißlichen, unterseits hellgrauen Manschette. Stielbasis knollig verdickt, nicht scharf abgesetzt, oft mit mehreren Warzenkränzen; Scheide fehlend (Fig. 20, *V*). **Fl:** weiß, unter der Oberhaut des Hutes meist etwas grau, von muffig-modrigem Geruch nach Rüben oder rohen Kartoffeln und mildem Geschmack. **V:** häufig von Mai bis Oktober in Laub- und Nadelwäldern. **N u. VM:** eßbar, aber wegen der Verwechslungsmöglichkeit mit dem giftigen Phanterpilz nur von Kennern zu sammeln!

Ähnlich ist der **Porphyrbraune Wulstling,** *Amanita porphyria* (A. & S. ex FR.) SING., ein recht unscheinbarer, nur in Nadelwäldern wachsender Wulstling. **H:** 4–7 cm breit, anfangs glockenförmig, später flach, mit glattem Rand, selten mit grauen Hüllresten bedeckt, von graubrauner bis violettbrauner Farbe. **L:** weiß, Stiel schlank, 6–10 cm lang, an der Basis mit dicker, kugeliger, scharfrandiger Knolle oder deutlich abgesetzter Scheide; Manschette dünnhäutig, anfangs regelmäßig vom Stiel abstehend, bald aber schlaff und klebrig werdend und auf dem Stiel als rußig-schwarzer, meist schiefer Ring sichtbar (sicherstes Merkmal!). **V:** häufig in Nadelwäldern, von Juli bis Oktober. **N:** ungenießbar, giftverdächtig.

Narzissengelber Wulstling (Taf. 15, l.), *Amanita gemmata* (FR.) GILL. (= *A. junquillea* QUÉL.). **H:** in der Jugend halbkugelig, im Alter sich verflachend, am Rande kammartig gefurcht, 5–7 cm breit, hell- bis stroh- oder ockergelb, meist mit wenigen, großen, weißen, abwischbaren Hüllresten bedeckt. **L:** reinweiß. **St:** weiß, weich, mit hochansitzender, leicht vergänglicher Manschette, an der Basis mit ei- oder birnenförmiger Knolle und enganliegender, schmalgerandeter, stulpenähnlicher Scheide (Fig. 20, *VII*). **Fl:** weiß, fast geruchlos. **V:** in manchen Gebieten häufig, vor allem in Nadelwäldern, von Juni bis August. **N:** giftverdächtig; in manchen Pilzbüchern als eßbar angegeben, doch ist der Pilz wegen seiner leichten Verwechselbarkeit mit giftigen Wulstlingen, vor allem mit dem Gelben Wulstling, zu meiden.

Die **Scheidenstreiflinge,** *Sekt. Vaginaria,* unterscheiden sich von den Wulstlingen allein durch das Fehlen einer Manschette. In allen übrigen Merkmalen stimmen sie mit jenen überein.

Scheidenstreifling, Ringloser Wulstling (Taf. 15, r.), *Amanita vaginata* (BULL ex. Fr.) QUÉL. (= *Amanitopsis* v. BULL.). **H:** in der Jugend kegelförmig-glockig, im Alter sich verflachend, in der Mitte mit kleinem Buckel, am Rande deutlich kammförmig gerieft, in der Farbe sehr variabel: orangefuchsig, grau, braun, gelblich, zuweilen auch weiß, nur in der Jugend mit weißen Hüllresten bedeckt. **L:** weiß, bauchig, frei (nicht am Stiel angewachsen), ziemlich stehend. **St:** 10–15 cm lang, schlank, im Alter hohl, sich spitzenwärts verjüngend, von feinen Hüllresten flockenschüppig, weißlich bis graurötlich, ohne Manschette, an der Basis mit großer, schlaffer, lappig zerrissener Scheide. **Fl:** dünn, zerbrechlich, weiß, geruchlos. **V:** häufig in Laub- und Nadelwäldern, von Juli bis Oktober. **N:** eßbar und wohlschmeckend, roh **giftig. VM:** Man achte genau auf das Fehlen einer Manschette. Weiße Formen können leicht mit dem Weißen Knollenblätterpilz verwechselt werden, bei dem die Manschette häufig früh degeneriert, doch hat dieser einen glatten Hutrand. Der Narzissengelbe Wulstling (*A. gemmata*) besitzt niemals eine lappige Scheide.

Die **Riesen-Schirmlinge,** *Macrolepiota* (= *Lepiota*), sind meist große Blätterpilze, deren Hutoberfläche schuppig oder körnig-rauh aufreißt; Stiel mit beweglichem Ring; Stielbasis oft knollig verdickt.

Einer der größten Lamellenpilze ist der **Riesen-Schirmling** oder **Parasolpilz (Taf. 16, l.),** *Macrolepiota* (= *Lepiota*) *procera* (SCOP. ex FR.) SING. **H:** in der Jugend eiförmig geschlossen (der junge Pilz daher einem ›Paukenschlegel‹ nicht unähnlich), später regelmäßig schirmartig ausgebreitet, in der Mitte mit kleinem Buckel, bis 30 cm im Durchmesser. Die ledrige, rindenartige, braune Oberhaut zerreißt bei der Entfaltung des Hutes in breite, zottige, sparrig abstehende oder angedrückte Schuppen. **L:** weiß, weich, dicht stehend, bauchig, am Grunde untereinander verbunden. **St:** bis 30 cm hoch, steif, am Grunde knollig, derbfaserig, im Alter röhrig-hohl, mit großem und doppelt gerandeten, verschiebbaren Ring und zackigen, braunen Querbändern auf hellem Grunde. **Fl:** weiß, weich, von angenehmem Geruch und nußartigem Geschmack. **V:** häufig von

Juli bis November auf Waldwiesen, Kahlschlägen, Schonungen, Heiden und Viehweiden. **N:** jung vorzüglicher Speisepilz; die zähen Stiele sind zu entfernen und taugen nur für Pilzmehl. Der Große Schirmpilz gilt, nach Art eines Wiener Schnitzels zubereitet, als Leckerbissen. **VM:** Ähnlich ist der gleichfalls eßbare **Rötende Riesen-Schirmpilz (Taf. 16, r.),** *Macrolepiota* (= *Lepiota) rhacodes* (VITT.) SING., der einen einfarbigen Stiel und rötendes Fleisch besitzt. **H:** wie bei der vorigen Art anfangs völlig geschlossen, später sich schirmförmig ausbreitend und mit breiten, braunen, sparrig abstehenden Schuppen bedeckt, nur 8–15 cm breit. **L:** weiß, bei Verletzung rötend. **St:** gedrungen, 10–15 cm lang, am Grunde mit derber Knolle, weißlich-bräunlich, hohl, mit doppelt gerandetem, verschiebbarem Ring. **Fl:** weiß, bei Verletzung safranrot anlaufend, von angenehmem Geruch. **V:** nicht selten in Nadel- und Laubwäldern (besonders unter Eichen), in Parkanlagen, von Juni bis November. **N:** in jungem Zustand wohlschmeckender Speisepilz.

Auf Wiesen, Weiden, sandigen Äckern und Brachfeldern wächst der **Acker-Schirmling,** *Macrolepiota excoriata* FR., dessen 6–10 cm breiter Hut eine körnig-glatte, weißliche Oberhaut besitzt, die gegen den Rand sternförmig zerrissen ist. Der schlanke, weißliche, mehlig-filzige Stiel trägt einen verschiebbaren, weißen, am Rande gezackten Ring. Im jungen Zustand ist der von August bis Oktober auftretende Acker-Sch. ein wohlschmeckender Speisepilz.

Im Gegensatz zu den Riesenschirmlingen (*Macrolepiota*) sind die **Schirmlinge,** *Lepiota,* kleine Pilze mit 2–5 (selten bis 12) cm großem, flockig-schuppigem, mehligem oder auch kahlem Hut und häufig flockig-schuppigem Stiel. Bei der Verwendung der kleinen Schirmlinge ist große Vorsicht geboten, da sich unter ihnen einige giftige Arten finden. Zu diesen gehört der, in Deutschland allerdings seltene **Fleischrote Sch.,** *Lepiota helveola* BRES.: Hut 2–5 cm im Durchm., anfangs ockerfarbig, später ocker-rötlich mit zahlreichen, angedrückten Schuppen; **St:** bis 10 mm dick; **Fl:** von schwach süßlichem Geruch; **V:** auf Wiesen, Weiden und an grasigen Plätzen. **N: giftig.**

Die **Egerlinge** oder **Champignons,** *Agaricus* (= *Psalliota*) sind mittelgroße Lamellenpilze mit dunkel-schokoladebraunen Sporen; die alten freien, den Stiel nicht berührenden Lamellen sind deshalb von dunkelbrauner bis braunschwarzer Farbe. Der vom Hut leicht lösbare Stiel trägt einen hängenden oder aufsteigenden Ring. Die meisten Arten sind eßbar und gehören zu den wohlschmeckendsten Pilzen. Der Zuchtchampignon ist weitaus der wichtigste aller kultivierbaren Pilze.

Nach Geruch und Farbe werden mehrere Gruppen unterschieden[1]:

---

[1] Bestimmungstabelle der einzelnen Arten, s. S. 147

a) Die **Gilbenden Egerlinge** (*Flavescentes*):
Hierher gehören die
Anis-Egerlinge: Fleisch an Druckstellen leicht gilbend, angenehm nach Anis oder Mandeln riechend. Gute Speisepilze.
Tinten- oder **Karbol-Egerlinge:** Fleisch unangenehm nach Tinte oder Karbol riechend, bei Druck gilbend. Nicht genießbar.

b) Die **Rötenden Egerlinge** (*Rubescentes*):
Fleisch beim Durchschneiden mehr oder weniger rot anlaufend. Bei einigen Arten ist der Hut braun-faserig gestreift. Eßbar.

Schaf-Champignon oder **Schaf-Egerling (Taf. 17, l.)**, *Agaricus* (= *Psalliota*) *arvensis* SCHAEFF. ex FR. **H:** in jungem Zustand vollständig geschlossen, eiförmig glockig, später halbkugelig und sich dann verflachend, 6–15 cm breit, rein weiß bis elfenbeinfarbig, glatt, seidig-glänzend, sich bei Berührung gelb verfärbend. **L:** anfangs blaßgrünlich bis fleischfarbig, dann bräunlichrot und im Alter schokoladenbraun bis schwärzlich. **St:** 6–15 cm hoch, am Grunde häufig knollig verdickt, anfangs voll, später innen eng-hohl, weiß, bei Druck gelblich anlaufend, mit doppelschichtigem, herabhängendem Ring, der unterseits sternförmig aufgespaltet. **Fl:** weiß, von anisartigem Geruch und mildem, nußartigem Geschmack. **V:** Truppweise auf Wiesen, Weiden, in Parkanlagen, an Waldrändern, auf Waldlichtungen, von Juni bis Oktober. **N:** Vorzüglicher Speisepilz. **VM:** am häufigsten wird der Schaf-Champignon mit den Weißen Knollenblätterpilzen (*Amanita verna, A. phalloides*), verwechselt, die aber auch im Alter weiße Lamellen besitzen und nicht nach Anis riechen (s. S. 147 ff.).

Der **Dünnfleischige Anis-Egerling**, *Agaricus silvicola* (VITT.) SACC., häufig nur als Varietät des Schaf-Champignons betrachtet, besitzt einen einfachen Ring. Sein Stielfleisch nimmt im Alter eine braunschwarze Färbung an. **V:** in geschlossenen Fichten- und Buchenwäldern. **N:** vorzüglicher Speisepilz.

Wiesen-Champignon, Wiesen-Egerling, Feld-E. (Taf. 17, r.), *Agaricus* (= *Psalliota*) *campester* (L.). *FR.* **H:** in der Jugend halbkugelig-geschlossen, dann gewölbt und im Alter sich verflachend, dickfleischig, weiß bis schmutzigweiß, seidigglatt, zuweilen grob-faserschuppig. Der weit über die Lamellen hinausreichende Hutrand oft mit Schleierresten behängt. **L:** breit, dicht stehend, schon in der Jugend lebhaft rosa, dann fleischrotbräunlich, im Alter dunkel-schokoladebraun bis schwarz. **St:** 3–7 cm lang, gleichdick, gegen die Basis verschmälert, weiß, mit schmalem Ring. **Fl:** weiß, zuweilen etwas rötlich anlaufend, von schwachem Geruch nach frischem Holz bzw. Pflaumen. **V:** auf Viehweiden, gedüngten Wiesen, in Gärten, von August (zuweilen auch schon früher) bis Oktober, besonders häufig in trockenen Jahren nach einsetzendem Regen. **N:** wohlschmeckender und geschätzter Speisepilz.

VM: Eine Verwechslung mit den **Weißen Knollenblätterpilzen** ist weniger als bei der vorigen Art gegeben, da diese selten auf freiem Gelände anzutreffen sind. Gefährlich wäre eine Verwechslung mit dem an gleichen Standorten wachsenden sehr giftigen **Ziegelroten Rißpilz,** *Inocybe patouillardii* (s. S. 76), dessen Fleisch bei Brührung und Druck rosa bis zieglrot anläuft, und der sich im Alter ziegelrot verfärbt. Die Lamellen sind in der Jugend weiß, im Alter erdbraun bis ziegelrot; ein Ring fehlt; der Hut ist im Alter vom Rande her meist strahlig eingerissen.

Wald-Egerling oder **Kleiner Blutchampignon (Taf. 18, l.),** *Agaricus silvaticus* SCHAEFF. ex SECR. (= *Psalliota silvatica* KROMBH.; *P. sanguinaria* KARST.). **H:** 4–5 cm breit, flach gewölbt, hell zimtbräunlich, oft rostfleckig, mit ockerbraunen bis dunkelbraunen Faserschuppen. **L:** dichtstehend, blaß-graulila bis graurötlich, bei Druck und Verletzung blutrot, im Alter schokoladebraun verfärbend; Schneide weißflockig. **St:** 5–8 cm lang walzenförmig, an der Basis verdickt, anfangs voll, später hohl, weißlich, mit einem dünnen, zuerst weißlichen, später rauchbraunen Ring. **Fl:** weißlich, bei Verletzung sofort blutrot anlaufend, von schwachem, holzartigem Geruch und mildem, etwas erdigem Geschmack. **V:** in Fichtenwäldern (in manchen Gegenden recht häufig), von August bis Oktober. **N:** guter Speisepilz; infolge seines roten Fleisches aber vielfach nicht als Champignon erkannt.

Ähnlich ist der mehr im Laubwald wachsende, ebenfalls eßbare **Große Blut-Egerling,** *Agaricus (Psalliota) haemorrhoidarius* KALCHBR. & SCHULZ, dessen Hut einen Durchmesser bis zu 20 cm erreichen kann und der lachsfarbige Lamellen besitzt; auch das Fleisch läuft lachsrot an. –
Eine in Fichtenwäldern wachsende Art ist der **Riesen-Egerling,** *Agaricus* (= *Psalliota*) *augustus* FR. **H:** sehr groß (10–20 cm im Durchmesser), halbkugelig-glockig, später flach gewölbt, relativ dünnfleischig, in der Mitte einheitlich braun, sonst dicht mit anliegenden, gelbbraunen Schuppen bedeckt. **L:** anfangs blaß, später grau bis graubräunlich, im Alter schokoladenbraun. **St:** 10–20 cm hoch, an der Basis verdickt, hohl, mit weißen Schuppen und großem, hängendem, unterseits bräunlichem Ring, sich bei Druck gelb verfärbend. **Fl:** weiß, im Alter gelblich-rötlich, nach Anis oder Mandeln riechend. **V:** vom Juli bis Herbst, in Fichtenwäldern. **N:** guter und ergiebiger Speisepilz. –
Stadt-Champignon, *Agaricus bitorquis* (QUÉL.) SACC. (= *Psalliota edulis*

VITT.). **H:** 5–10 cm breit, flach, mit stark und lange Zeit eingerolltem Rand, fest- und dickfleischig, weißlich bis schmutzig-gelb. **L:** schmal, fleischrosa, sich dunkelrot verfärbend. **St:** kurz, mit 2 getrennten Ringen. **Fl:** auffallend hart, dick, weißlich, schwach rötend, von pflaumenähnlichem Geruch. **V:** in Städten und Ortschaften, an Wegen und Gärten, vom Frühsommer bis zum Herbst. Der Pilz vermag sogar Straßenpflaster zu heben und Asphaltdecken zu sprengen. **N:** guter Speisepilz.

An ähnlichen Standorten wächst auch der **Garten-Champignon,** *Agaricus* (= *Psalliota*) *bisporus* (LGE.) SING. **H:** 4–10 cm breit, halbkugelig bis glockig gewölbt, blaß-dunkelbraun, faserig bis schuppig. **L:** blaßrosa, später schokoladenbraun, an der Schneide weißflockig. **St:** weiß, mit dickem, häutigem, nach unten abziehbarem Ring. **Fl:** weiß, rötlich anlaufend, nach Holz und Pflaumen riechend. Die Basidien tragen nur 2 Sporen (daher *bisporus!*, dieses Merkmal ist allein mit dem Mikroskop zu erkennen). **V:** in Gärten, an Straßenrändern, auf Komposthaufen etc., von Mai bis zum Herbst. **N:** guter Speisepilz.

Ein nicht genießbarer und schwach **giftiger** Pilz ist der **Karbol-Egerling** oder **Tinten-Champignon,** *Agaricus* (= *Psalliota*) *xanthoderma* GEN., der leicht mit dem **Schaf-Champignon** verwechselt werden kann, sich von diesem aber durch den kräftigen Geruch nach Karbol oder Tinte unterscheidet. Das weiße Fleisch, besonders das der Stielknolle, läuft bei Verletzung schnell gelb an Er wächst im Gebüsch, auf Wiesen und in Parks und tritt zuweilen in größeren Massen auf.

Die **Träuschlinge,** *Stropharia,* sind kleine bis mittelgroße Lamellenpilze mit dunkel-purpurbraunem Sporenstaub; die im Alter dunkel-violettbraunen Lamellen sind am beringten Stiel angewachsen.

Eine der grünen Hutfärbung zufolge recht auffällige Art ist der **Grünspan-Träuschling (Taf. 18, r.),** *Stropharia aeruginosa* CURT. **H:** 3–10 cm breit, mit dickem, blaugrünem Schleim überzogen, dem, besonders am Rande, weiße Flocken aufsitzen; im Alter gelblich ausblassend. **L:** breit, rötlich-braun, im Alter schokoladenfarbig, mit weißer Schneide. **St:** 5–8 cm lang, weiß bis blaugrünlich, mit häutigem Ring, unter diesem flockig-schuppig. **Fl:** grünlich, von schwachem Geruch. **V:** nicht selten in Laub- und Nadelwäldern, vor allem auf Lichtungen zwischen Gras, von August bis Dezember. **N:** nicht genießbar.

Die **Schwefelköpfe,** *Hypholoma* (= *Naematoloma*), sind kleinere, meist in Büscheln an Holz wachsende, gelbliche, bis rötlichgelbe Lamellenpilze mit purpurbraunem oder dunkelviolettbraunem Sporenstaub. Hut anfangs durch einen faserigen, vergänglichen Schleier verschlossen (Taf. 71, *l.*), der später am Hutrand als zarter Saum oder am Stiel als dunklere Zone (durch die abfallenden Sporen dunkel gefärbt) zu erkennen ist; Fleisch nicht ›hygrophan‹, d. h. bei Regen nicht durchwässert.

Grau- oder Rauchblättriger Schwefelkopf (Taf. 19, l.), *Hypholoma capnoides* KUMMER. **H:** 3–6 cm breit, hellgelb bis orangebräunlich, am Rande anfangs mit Schleiersaum (Cortina). **L:** zunächst weißlich, dann hell- bis rauchgrau und grauviolett, aber nicht grünlich wie beim **Grünblättrigen Schw. St:** 5–8 cm lang, hohl, weißlichgelb, an der Basis rotbraun. **Fl:** weißlichgelb, von mildem Geschmack. **V:** in büscheligen Gruppen an Nadelholzstümpfen, nicht selten von September bis zum Spätherbst, und dann wieder im Frühjahr. **N:** eßbar.

Wesentlich größer ist der an Laubholzstümpfen wachsende **Ziegelrote Schwefelkopf (Taf. 19, M.),** *Hypholoma sublateritium* (FR.) QUÉL. **H:** 5–8 cm breit, anfangs glockig, später flach gewölbt, dickfleischig, gelb- bis ziegelrötlich, mit hellerem Rand; dieser anfangs mit den weißlich-gelben Resten des vergänglichen Schleiers behangen. **L:** gelblich, später olivgrau bis bräunlich. **St:** sehr kräftig, 6–12 cm lang, an der Basis rotbraun, gegen die Spitze gelblich, oft mit deutlichen, hochansitzenden, ringartigen Schleierresten. **Fl:** blaß-rötlichgelb, von leicht bitterem Geschmack. **V:** häufig in Büscheln an Laubholzstümpfen, von August bis Dezember und dann wieder im zeitigsten Frühjahr. **N:** nach Abbrühen genießbar; Kochwasser wegschütten.

Der bitter schmeckende und ungenießbare **Büschelige** oder **Grünblättrige Schwefelkopf (Taf. 19, r.),** *Hypholoma fasciculare* (HUDS. ex FR.) KUMMER, unterscheidet sich von den beiden vorigen durch die anfangs schwefel-, später grünlichgelben bis grünlichbraunen Lamellen. **H:** 3–5 cm breit, schwefelgelb, meist mit dunklerer, gelbfuchsiger bis rotbrauner Mitte, in der Jugend am Rande mit faserigem Schleier. **St:** 5–10 cm lang, schlank, hohl, gelb, gegen die Basis rostbräunlich. **Fl:** gelb, von bitterem Geschmack. **V:** in dichten Büscheln an Laub- und Nadelholzstümpfen, vom Frühjahr bis zum Winter. **N:** ungenießbar.

Mit dem Vorstehenden wird nicht selten das **Stockschwämmchen (Taf. 20, l.),** *Kuehneromyces mutabilis* SING & SMITH (= *Pholiota mutabilis* SCHAEFF.) verwechselt, das aber blaßbräunliche Lamellen besitzt und dessen Stiel einen deutlichen, braungefärbten Ring trägt. **H:** 3–6 cm breit, anfangs halbkugelig, später flach ausgebreitet, glatt, fettigglänzend, honiggelb bis gelbbräunlich, mit hellerer, besonders nach Regen durchwässerter Randzone. **L:** blaßbräunlich, im Alter von den rostbraunen Sporen rostbraun gefärbt. **St:** 5–8 cm lang, dünn, mit braungefärbtem Ring, unterhalb desselben rostbraunschuppig, gegen die Basis dunkler. **Fl:** gelblich bis bräunlich, von würzigem Geruch. **V:** häufig, in dichten Büscheln an alten Stümpfen von Laub-, seltener von Nadelhölzern, vom April bis zum Dezember. **N:** guter, würzig schmeckender Speisepilz, der sich auch zum Trocknen und zur Herstellung von Pilzpulver eignet.

Ein Doppelgänger des **Hallimasch** (s. S. 55) ist der **Sparrige Schüppling,** *Pholiota squarrosa* (PERS. ex FR.) QUÉL., der sich von jenem aber durch den von abstehenden Schuppen bedeckten Stiel sowie die braunen Sporen (diese beim Hallimasch weiß) unterscheidet. **H:** 6–12 cm breit, halbkugelig bis flach gewölbt, gelb bis gelbbraun, mit sparrig abstehenden braunen Schuppen. **L:** gelblich bis olivbräunlich. **St:** 8–12 cm lang, mit schuppigem Ring; oberhalb desselben glatt, unterhalb mit braunen, abstehenden Schuppen. **Fl:** gelblich, von rettichartigem Geruch. **V:** in Büscheln an Stümpfen oder am Grunde lebender Laubhölzer, seltener an Nadelhölzern, von August bis November. **N:** nach Abbrühen genießbar.

Reifpilz, Runzelschüppling, Zigeuner (Taf. 20, r.), *Rozites caperata* (PERS. ex FR.) KARST. (= *Pholiota caperata* [PERS.] QUÉL.; *Cortinarius caperatus* FR.). **H:** 5–12 cm breit, anfangs kugelig-glockig, im Alter flach ausgebreitet, gegen den Rand hin runzelig, in der Mitte mit weißlichem ›Reif‹ bedeckt, sonst gelblich bis ockerbräunlich. **L:** blaßgelblich bis braun, gedrängt stehend, an der Schneide fein gekerbt. **St:** 6–12 cm lang, gleichmäßig dick, oberhalb des weißlichen, häutigen Ringes weißflockig, unterhalb desselben blaßgelblich und faserstreifig. **Fl:** dick, weißlich, unter der Hutoberhaut hellorangefarbig, fast geruchlos und von mildem Geschmack. **V:** in Nadel- und Buchenwäldern, von August bis Oktober. **N** u. **VM:** vorzüglicher Speisepilz, doch wegen seiner Ähnlichkeit mit einer Reihe ungenießbarer **Schleierpilze** (*Cortinarius*-Arten) nur von Kennern zu sammeln.

Die **Tintlinge,** *Coprinus,* sind Hutpilze mit schwarzem Sporenstaub, deren Lamellen und Hüte bei der Sporenreife tintenartig zerfließen. Sie wachsen bevorzugt auf gedüngtem Boden, auf Wiesen, Weiden und Gartenland.

Schopf-Tintling (Taf. 21, l.) *Coprinus comatus* (MÜLLER ex FR.) GRAY. **H:** zylindrisch bis kegelig, 5–14 cm hoch und 3–6 cm im Durchmesser, sich im Alter vom Rande her aufrollend und zerfließend, weiß, mit weißlichen, abstehenden, im Scheitel bräunlichen Schuppen. **L:** anfangs weiß, dann über rosa nach braunschwarz sich verfärbend und zerfließend. **St:** 10–20 cm lang, schlank, hohl, mit beweglichem, schmalem Ring. **Fl:** weiß, weich. **V:** häufig und gesellig an grasigen Stellen und gedüngten Plätzen usw., von Mai bis November. **N:** jung, d. h. solange die Lamellen noch weiß sind, vorzüglicher, im Geschmack an Champignons erinnernder Speisepilz.

Grauer Tintling, Falten-T. (Taf. 21, r.), *Coprinus atramentarius* (BULL. ex FR.) FR. **H:** eiförmig-glockig, 5–8 cm hoch und 3–6 cm im Durchmesser, mit faltig gerieftem Rand, grau bis graubräunlich, gegen den Scheitel hin mit braunen, abwischbaren Schuppen. **L:** anfangs weißlich, später graubraun, dann schwarz- und schmierig zerfließend. **St:** 7–15 cm hoch, hohl, weiß, nahe der Basis ringförmig angeschwollen. **Fl:** weiß, dünn. **V:** auf gedüngtem Boden, in Gärten, an Wegrändern etc., meist truppweise, von Juli bis Oktober. **N:** im jungen Zustand eßbar, doch nach dem Genuß keinen Alkohol trinken, sonst rötet sich die Gesichtshaut stark und die Herztätigkeit wird beschleunigt. Meist klingen die Beschwerden nach einigen Stunden wieder ab.

Lila-Dickfuß (Taf. 22, l.), *Cortinarius* (= *Inoloma* = *Phlegmacium*) *traganus* FR. **H:** 5–10 cm breit, leicht gewölbt bis flach, dickfleischig, trocken, faserig-schuppig, anfangs violett, dann von der Mitte her lehmfarbig ausblassend, oft am Rande einreißend. An jungen Pilzen spannt sich zwischen Hutrand und Stiel ein spinnenwebenartiger Schleier (Cortina) aus, der bei der Entfaltung des Hutes zerreißt, doch bleiben noch längere Zeit fädige Reste am Hutrand und Stiel hängen. **L:** safranockerbräunlich. **St:** kräftig, 6–9 cm hoch, an der Basis keulenförmig angeschwollen, violett mit blaßvioletten, durch die ausfallenden Sporen sich bald rotbraun verfärbenden Schleierresten. **Fl:** braun- bis rötlichgelb, von widerlichem Geruch nach Gas und Azetylen. **V:** von Juli bis Oktober in Nadelwäldern, stellenweise häufig. **N:** ungenießbar, **schwach giftig. VM:** Ähnlich ist der eßbare Violette Ritterling (*Lepista nuda,* s. S. 58), der aber eines Schleiers entbehrt, weißen Sporenstaub besitzt und sich durch einen angenehmen, aromatischen Geruch auszeichnet.

Ziegelroter Rißpilz (Taf. 22, r.), *Inocybe patouillardii* BRÉS. (= *I. lateraria* RICKEN). **H:** 4–8 cm breit, in der Jugend kugelig-glockig, im Alter ausgebreitet und gebuckelt, am Rande verbogen und eingerissen, anfangs weiß, dann gelblich-weiß, später ockerbräunlich und schließlich ziegelrot anlaufend. **L:** anfangs weißlich-graugelblich, im Alter schmutzig-bräunlich, mit weißlicher Schneide. **St:** 4–10 cm lang, vollfleischig, an der Basis oft knollig verdickt, weiß, an Druckstellen sich rötend. **Fl:** weiß, bei Verletzung und Druck rötend, an jungen Pilzen fast geruchlos, im Alter unangenehm riechend. **V:** am Rande lichter Laubwälder, an Straßenrändern, in Parkanlagen und Gärten, von Mai bis Juli, gebietsweise häufig. **N: tödlich giftig!** Über die Vergiftungserscheinungen s. S. 44. **VM:** Im jungen Zustand kann der Ziegelrote Rißpilz leicht mit Egerlingen verwechselt werden, die aber einen Ring am Stiel besitzen und sich alle durch einen angenehmen anis- oder holzartigen Geruch auszeichnen; der gleichfalls ähnliche und an denselben Standorten wachsende **Mai-Ritterling,** *Calocybe gambosa,* s. S. 57, hat ein gelblich-weißes, niemals rötendes Fleisch, von intensivem Geruch nach Mehl und Gurken.

Riesen-Rötling (Taf. 23, l.), *Rhodophyllus sinuatus* (BULL. ex FR.) SING. (= *Rh. lividus* BULL. ex. FR., = *Entoloma lividum* BULL.). **H:** 7–15 cm breit, anfangs gewölbt, später ausgebreitet, stumpf, gebuckelt, mit zuweilen verbogenem Rand, längsfaserig, seidigglänzend, elfenbeinweiß bis hellbräunlich. **L:** entfernt stehend, ungleich lang, am Stiel eingebuchtet – angewachsen, anfangs gelblichweiß, später rosa- bis lachsrot. **St:** gedrungen, 6–12 cm hoch, an der Basis oft verdickt, im Alter hohl, weißlich, ohne Ring. **Fl:** weiß, von mildem Geschmack, anfangs nach Mehl, später nach ranzigem Öl bzw. nach Apotheke riechend. **V:** in Laubwäldern und Parkanlagen, an Wegrändern, auf Waldwiesen, von Mai bis September, selten (häufig nur in Westeuropa, in Frankreich und der westlichen Schweiz). **N: stark giftig!** (Über die Vergiftungserscheinungen s. S. 56). **VM:** Der ähnliche Mai-Ritterling *Calocybe gambosa,* s. S. 57, hat bleibend weiße Lamellen und einen hellen, weißlich-ockergelblichen Hut; der gleichfalls ähnliche **Nebelgraue Trichterling** (*Clitocybe nebularis,* s. S. 55), der zuweilen von heller Hutfarbe sein kann, besitzt gelbliche, am Stiel herablaufende Lamellen.

Ähnlich ist auch der **Mehlpilz (Taf. 23, r.),** *Clitopilus prunulus*

(SCOP. ex FR.) QUÉL., dessen Lamellen zum Unterschied vom **Riesen-Rötling** am Stiel herablaufen. **H:** 3–10 cm im Durchm., in der Jugend regelmäßig gewölbt und flach gebuckelt mit eingerolltem Rand, im Alter verbogen, in der Mitte oft vertieft, weiß bis weißlichgrau. **L:** schmal, weit am Stiel herablaufend, weiß, sich erst im Alter rosa verfärbend. **St:** 2–6 cm lang, oft etwas exzentrisch ansitzend, zum Hut hin sich verbreiternd, weiß. **Fl:** weich, zerbrechlich, stark nach frischem Mehl riechend und schmeckend. **V:** in Laub- und Nadelwäldern, gern zwischen Gras, ziemlich häufig und gesellig, von Juni bis Oktober. **N:** ausgezeichneter Speisepilz.

Die **Kremplinge,** *Paxillus,* sind mittelgroße bis große Lamellenpilze mit anfangs stark eingerolltem Hutrand. Die netzadrig verbundenen und sich in ihrer Gesamtheit vom Hutfleisch ablösenden Lamellen laufen am Stiel herab; Sporenstaub braun. Kremplinge und Gelbfüße gehören systematisch zu den *Boletales.*

Kahler Krempling (Taf. 24, l.), *Paxillus involutus* (BATSCH) FR. **H:** 6–12 cm breit, in der Jugend flach ausgebreitet mit lange eingerolltem Rand, dann in der Mitte vertieft, anfangs filzig, später glatt und schmierig, braungelb bis rostbraun, bei Druck dunkelfleckig. **L:** gelbbraun, bei Druck dunkler werdend, weit am Stiel herablaufend, am Grunde netzartig miteinander verbunden und sich in ihrer Gesamtheit ablösend. **St:** 4–6 cm lang, von der Farbe des Hutes. **Fl:** weich, blaßgelblich, beim Durchschneiden braun anlaufend, von angenehm säuerlichem Geruch und Geschmack. **V:** in Laub- und Nadelwäldern, auch in Gärten oder an Baumstümpfen, nicht selten von Juni bis November. **N:** eßbar und wohlschmeckend, besonders gebraten; bei großen Mengen wird Abbrühen empfohlen, roh: giftig.

Ähnlich ist der **Samtfuß-Krempling (Taf. 24, r.),** *Paxillus atrotomentosus* (BATSCH) FR., der sich von dem vorigen durch den Besitz eines dunkelsamtigen Stieles unterscheidet. **H:** 8–20 cm breit, mit eingerolltem Rand, flach, in der Mitte zuweilen vertieft, gelblich-rostbraun, samtig oder ledrig-kahl. **L:** sehr dicht stehend, am Stiel herablaufend, oft gegabelt, blaßgelblich – rötlich, sich leicht vom Hut lösend. **St:** kurz und dick, sich basalwärts verjüngend, oft exzentrisch dem Hut aufsitzend, dicht mit einem dunkelroten bis braunschwarzen Samtfilz bekleidet. **Fl:** weißlich-gelb, weich, schwammig, von schwach säuerlichem

Geruch und unangenehmem, etwas bitterem Geschmack. **V:** bevorzugt an Stümpfen von Nadelbäumen, meist von Kiefern, von August bis November, nicht selten. **N:** kaum genießbar.

Die **Gelbfüßler** oder **Schmierlinge,** *Gomphidius,* sind mittelgroße Lamellenpilze mit schmierig-klebriger Hutoberfläche und schwarzen Sporen. Die entfernt stehenden, dicken, weichen Lamellen laufen weit am Stiel herab. Der vorwiegend an der Basis gelbfleischige Stiel trägt als Rest einer Hülle einen schleimig-faserigen Ring unterhalb der Lamellen.

Großer Gelbfuß, Großer Schmierling, Kuhmaul (Taf. 25, l.), *Gomphidius glutinosus* (SCHAEFF.) FR. **H:** flach gewölbt, im Alter leicht vertieft, 5–10 cm Durchm., violettgrau oder violettbraun, im Alter mit dunklen Flecken, von einer dicken, glasklaren Schleimschicht überzogen, die in der Jugend die Lamellen völlig einschließt und nach der Hutentfaltung am Stiel als schleimiger, durch die Sporen meist dunkelgefärbter Ring zurückbleibt. **L:** dick, weich, entfernt stehend, gegabelt, weit am Stiel herablaufend, weißlich bis hellgrau, im Alter bräunlich. **St:** dick, weiß, später schmutziggrau-bräunlich, mit verjüngter, zitronengelber Basis. **Fl:** weich, weiß, in der Stielbasis zitronengelb. **V:** häufig und gesellig in Nadelwäldern, vor allem in jüngeren Nadelholzbeständen, vom Juli bis Oktober. **N:** jung guter Speisepilz; die Hutoberhaut mit der Schleimschicht ist bereits beim Sammeln abzuziehen. **VM:** Der ähnliche Frostschneckling (s. S. 51) ist kleiner, hat weißen Sporenstaub und keine zitronengelbe Stielbasis.

Kupferroter Gelbfuß, Kupferroter Schmierling (Taf. 25, r.), *Chroogomphus rutilus* (SCHFF. ex FR.) O. K. MILLER [= *Gomphidius r.* (SCHFF. ex FR.) LUND + NANNF. = *G. viscidus* L. ex FR.]. **H:** 5–10 cm im Durchm., in der Jugend kegel- bis glockenförmig, später verflacht und schwach gebuckelt, kupferrot bis rostbraun, bei feuchtem Wetter schmierig-klebrig. **L:** entfernt stehend, weit am Stiel herablaufend, graurötlich bis graubraun. **St:** 5–10 cm hoch, sich basalwärts verjüngend, mit ringartiger Schleimschicht unterhalb der Lamellen, von der Farbe des Hutes, aber mit safrangelber Basis. **Fl:** gelbrötlich, in der Stielbasis gelblich. **V:** in Kiefernwäldern, von August bis Oktober. **N:** wohlschmeckender Speisepilz.

Die **Täublinge,** *Russula,* sind mittelgroße bis große Lamellenpilze mit mürbebrüchigem Fleisch, z. T. recht lebhaften Hutfarben und meist brüchigen, beim Darüberstreichen splitternden Lamellen mit weißem oder gelbem (Ledertäublinge) Sporenstaub. Stielbasis sich verjüngend und abgestumpft. Die Gattung ist außerordentlich artenreich, so daß die Täublinge einen großen Teil der heimischen Pilzvegetation ausmachen. Im Folgenden können nur die wichtigsten abgebildet und besprochen werden. Wer sich eingehender mit ihnen beschäftigen will, dem seien die Monographie und die Bestimmungstabellen des *Russula*-Spezialisten JULIUS SCHAEFFER empfohlen, wo sämtliche Arten und vielseitige Bestimmungsmethoden aufgeführt werden. – Die Gattung enthält neben zahlreichen wertvollen Speisepilzen auch ungenießbare. Da beide nicht immer leicht voneinander zu unterscheiden sind, mache man es sich zur Gewohnheit, jeden gefundenen Täubling zu kosten. Man kaut ein Stück Lamelle und wartet einige Sekunden: Alle mild schmeckenden Täublinge sind eßbar, während die scharf oder bitter schmekkenden bzw. unangenehm riechenden ungenießbar sind. (Diese Regel gilt nur für die Täublinge mit einigen Einschränkungen auch für die Milchlinge.) Nach dem Geschmack wird deshalb zwischen milden und scharfen Täublingen unterschieden; es gibt indessen noch andere mehr oder weniger scharf gegeneinander abzugrenzende Gruppen, so die **Weiß-T.** mit auffallend hartem Fleisch, die im Alter sich schwarz verfärbenden **Schwarz-T.**, die gelbbraunen **Stink-T.** von eigenartigem, unangenehmem Geruch, deren Hüte am Rande häufig gefurcht sind, die **Leder-T.** mit gelblichen Lamellen und ebensofarbigen Sporen u. a. m.[1])

Eine der ungenießbaren Arten, welche die gesamte Gattung in Verruf gebracht hat, ist der **Spei-Täubling, Speiteufel (Taf. 26, l.)**, *Russula emetica* FR. **H:** 5–11 cm breit, dünnfleischig, mit zinnober- bis blutroter oder leuchtend kirschroter, leicht abziehbarer, im Alter ausblassender Oberhaut. **L:** rein weiß, gleichlang, am Stiel abgerundet bis frei, entfernt stehend, ziemlich elastisch und nur wenig splitternd; Sporenstaub weiß. **St:** kurz, 5–8 cm lang, reinweiß, in der Jugend voll und elastisch, im Alter schwammig und mürbe. **Fl:** dünn, weiß, unter der Oberhaut rötlich, zerbrechlich, von angenehm säuerlich-obstartigem Geruch und sehr scharfem, brennendem Geschmack. **V:** häufig in Laub- und Nadelwäldern, vor allem an feuchten, moorigen Stellen, von Juli bis Herbst. **N:** roh genossen giftig; soll nach Wässern und Abkochen genießbar sein.

VM: Ähnlich und gleichfalls ungenießbar ist der wesentlich kleinere **Zerbrechliche Täubling,** *Russula fragilis* FR. **H:** nur 3–6 cm breit, weniger rot, mehr mit violettem, rosa oder grünlichem Farbton, in der Mitte dunkler. **L:** weiß, mit gekerbter, wie angefressen aussehender Schneide. Häufig in feuchten Laub- und Nadelwäldern, von Juli bis Oktober.
Ähnlich ist auch der im Kiefernwald wachsende **Blut-T.,** *R. sanguinea* FR., der aber eine glanzlose, nicht vollständig abziehbare Oberhaut besitzt, und

---

[1] Eine Tabelle zur Bestimmung der wichtigsten Arten findet sich auf S. 148.

Tafel 1. l.: Elfenbein-Schneckling, *Hygrophorus eburneus.* Eßbar (¾ nat. Gr.) – **r.:** Frost-Schneckling, *Hygrophorus hypothejus.* Eßbar (¾ nat. Gr.)

Tafel 2. l.: März-Ellerling, *Hygrophorus marzuolus.* Eßbar (¾ nat. Gr.) **r.:** Wiesen-Ellerling, *Hygrophorus pratensis.* Eßbar (¾ nat. Gr.)

Tafel 3. l.: Bläuling, *Laccaria laccata* und L. *amethystina.* Genießbar (fast nat. Gr.) – **r.:** Falscher Pfifferling, *Hygrophoropsis aurantiaca.* Genießbar (fast nat. Gr.)

Tafel 4. l.: Hallimasch, *Armillariella mellea.* Eßbar, **roh leicht giftig!** (½ nat. Gr.) – **r.:** Nebelgrauer Trichterling, *Clitocybe nebularis.* Genießbar (½ nat. Gr.)

Tafel 5. l.: Maipilz, *Calocybe gambosa.* Eßbar (½ nat. Gr.) – **r.:** Schwarzfaseriger Ritterling, *Tricholoma portentosum.* Eßbar (½ nat. Gr.)

Tafel 6. l.: Grünling, *Tricholoma flavovirens.* Eßbar (½ nat. Gr.) – **r.:** Violetter Ritterling, *Lepista nuda.* Eßbar (½ nat. Gr.)

Tafel 7. l.: Schwefelritterling, *Tricholoma sulphureum.* Ungenießbar (¾ nat. Gr.) – **r.:** Purpurfilziger Ritterling, *Tricholomopsis rutilans.* Ungenießbar (½ nat. Gr.)

Tafel 8. l.: Tiger-Ritterling, *Tricholoma pardinum.* **Giftig!** (½ nat. Gr.) **r.:** Samtfuß-Rübling, *Flammulina velutipes.* Eßbar (¾ nat. Gr.)

Tafel 9. l.: Feld-Schwindling, *Marasmius oreades.* Eßbar (nat. Gr.)
r.: Knoblauch-Schwindling, *Marasmius scorodonius.* Würzpilz (nat. Gr.)

Tafel 10. l.: Austern-Seitling, *Pleurotus ostreatus.* Eßbar (½ nat. Gr.)
r.: Anis-Sägeblättling, *Lentinellus cochleatus.* Eßbar (½ nat. Gr.)

Tafel 11. l.: Grüner Knollenblätterpilz, *Amanita phalloides.* **Tödlich giftig!!!** (½ nat. Gr.) – **r.:** Weißer Knollenblätterpilz, *Amanita verna.* **Tödlich giftig!!!** (½ nat. Gr.)

Tafel 12. l.: Gelblicher Wulstling, *Amanita citrina.* Ungenießbar (½ nat. Gr.) – **r.:** Fliegenpilz, *Amanita muscaria.* **Giftig!!** (⅓ nat. Gr.)

Tafel 13. l.: Kaiserling, *Amanita caesarea.* Eßbar (½ nat. Gr.)
r.: Perlpilz, *Amanita rubescens.* Eßbar (½ nat. Gr.)

Tafel 14. l.: Pantherpilz, *Amanita pantherina.* **Giftig!** (¾ nat. Gr.)
r.: Grauer Wulstling, *Amanita spissa.* Eßbar (½ nat. Gr.)

Tafel 15. l.: Narzissengelber Wulstling, *Amanita gemmata.* Ungenießbar (¾ nat. Gr.) – **r.:** Scheidenstreifling, *Amanita vaginata.* Eßbar (½ nat. Gr.)

Tafel 16. l.: Parasolpilz, *Macrolepiota procera.* Eßbar (⅓ nat. Gr.)
r.: Rötender Schirmpilz, *Macrolepiota rhacodes.* Eßbar (⅓ nat. Gr.)

Tafel 17. l.: Schaf-Egerling, *Agaricus arvensis.* Eßbar (½ nat. Gr.)
r.: Wiesen-Egerling, *Agaricus campester.* Eßbar (½ nat. Gr.)

Tafel 18. l.: Wald-Egerling, *Agaricus silvaticus.* Eßbar (¾ nat. Gr.)
r.: Grünspan-Träuschling, *Stropharia aeruginosa.* Ungenießbar (¾ n. Gr.)

Tafel 19. l.: Rauchblättriger Schwefelkopf, *Hypholoma capnoides.* Eßbar (¾ nat. Gr.) – **m.:** Ziegelroter Schwefelkopf, *Hypholoma sublateritium.* Bedingt genießbar (½ nat. Gr.) – **r.:** Büscheliger Schwefelkopf, *Hypholoma fasciculare.* Ungenießbar (¾ nat. Gr.)

Tafel 20. l.: Stockschwämmchen, *Kuehneromyces mutabilis.* Eßbar (¾ nat. Gr.) – **r.:** Reifpilz, *Rozites caperata.* Eßbar (½ nat. Gr.)

dessen Lamellen fast am rötlichen Stiel herablaufen. – Von den milden Täublingen hat der **Zinnober T.**, *R. rosacea,* PERS. ex. S. F. GRAY die gleiche rote Hutfarbe wie der **Spei-T.**, doch ist die Oberhaut trocken nicht abziehbar und das Fleisch sehr hart.

Speise-Täubling (Taf. 26, r.), *Russula vesca* FR. **H:** 6–10 cm breit, flach gewölbt, in der Mitte etwas vertieft, mit scharfem Rand; Oberhaut nur bis zur Mitte abziehbar, in der Farbe recht variabel: fleischrötlich, lilaviolett oder rotbräunlich, im Alter ausblassend, nicht ganz bis zum Hutrand reichend, so daß eine 1–2 mm breite oberhautlose Zone sichtbar ist; **L:** dichtstehend, schmal, weiß, starr und brüchig, ungleich lang, gegabelt, am Stiel angewachsen, im Alter rostfleckig; Sporenstaub weiß. **St:** bis 7 cm lang, weiß, fest, gegen die Basis verjüngt. **Fl:** weiß, fest, ohne besonderen Geruch, von mildem Geschmack. **V:** häufig in Laubwäldern, von Juni bis Oktober. **N:** vorzüglicher, wohlschmeckender Speisepilz.

Gallen-Täubling (Taf. 27, l.), *Russula fellea* FR. **H:** 4–8 cm breit; anfangs gewölbt, später flach ausgebreitet, am Rande dünnfleischig und höckerig-gefurcht, matt, blaßockergelb bis strohgelb, in der Mitte dunkel-ockerbräunlich bis orangerötlich. **L:** dicht stehend, schmal dünn, zerbrechlich, von der Farbe der Randzone des Hutes. **St:** 3–6 cm lang, zerbrechlich, hellockergelblich. **Fl:** blaßgelblich, spröde und zerbrechlich, von sehr scharfem Geschmack und süßlichem Geruch nach Senfsoße. **V:** häufig in Laubwäldern (meist unter Buchen), von August bis November. **N:** ungenießbar und **leicht giftig. VM:** Ähnlich ist der eßbare **Zitronen-Täubling,** *R. ochroleuca* **(Taf. 29, l.),** der aber kein brüchiges Fleisch, einen angenehmen Geruch und einen milden Geschmack besitzt.

Stink-Täubling (Taf. 27, r.), *Russula foetens* FR. **H:** 7–12 (– 15) cm im Durchm., in der Jugend halbkugelig geschlossen, später flach gewölbt und etwas vertieft, mit dünnem, scharfem, tief höckerig gefurchtem Rand, lebhaft gelbbraun, bei Regen schleimig-schmierig. **L:** weißlich-blaß, durch ausgeschiedene Wassertropfen (›Tränen‹) oft braunfleckig. **St:** dick und fest, im Alter hohl, weiß; Druckstellen sich braun verfärbend. **Fl:** fest, aber zerbrechlich, von scharfem Geschmack und eigentümlich, ölig-brenzlichem Geruch. **V:** häufig und gesellig in Laub- und Nadelwäldern, von Juli bis Oktober. **N:** ungenießbar. – Ähnlich ist der **Mandeltäubling,** *R. laurocerasi* MELZ., der früher als Unterart des vorigen aufgefaßt worden ist und sich durch einen angenenmen Geruch nach Bittermandeln von jenem unterscheidet.

Tränen-Täubling (Taf. 28, l.), *Russula sardonia* FR. em. ROM. **H:** 6–9 cm im Durchm., mit festem, sprödem Fleisch, oft gebuckelt mit dunkelpurpurroter bis bläulichroter, zuweilen gelblicher oder grünlicher Farbe. **L:** zitronengelblich, im Alter hellockergelblich mit gelbem Sporenpulver, schmal, dicht stehend, oft mit ausgeschiedenen Wassertropfen (›Tränen‹). **St:** 3–8 cm hoch, glatt, sehr fest, trübviolett, z. T. auch zitronengelb.**Fl:** fest, gelblich, von angenehmem, obstartigem Geruch, aber von sehr scharfem Geschmack. **V:** häufig, in sandigen Kiefernwäldern, vor allem Nordwestdeutschlands, vom August bis zum Spätherbst. **N:** ungenießbar; giftverdächtig.

VM: Ähnlich ist der **Stachelbeer-T.,** *R. queletii* FR., der jedoch nicht im Kiefern-, sondern im Fichtenwald zu finden ist. Er unterscheidet sich vom vorigen durch eine meist heller violett-rote Hutfarbe, das weniger feste, nach Stachelbeeren riechende Fleisch und die weißlich-blassen Lamellen. – Ähnlich ist auch der eßbare **Jodoform-T.,** *R. turci* BRES., der weiches Fleisch, ockergelbe Lamellen und einen intensiven Geruch nach Jodoform, aber milden Geschmack besitzt. **V:** In Kiefernwäldern, oft in Gesellschaft des Tränen-Täublings.

Dickblättriger Schwarztäubling (Taf. 28, r.), *Russula nigricans* (BULL.) FR. **H:** 10–20 cm im Durchm., in der Jugend mit eingerolltem Rand, im Alter flach ausgebreitet und etwas vertieft, hart und festfleischig, anfangs weiß, dann braun und im Alter schwärzlich. **L:** sehr weit stehend, ca. 0,5 cm voneinander entfernt, dick, starr, bei Druck sofort splitternd und rötlich anlaufend, in der Jugend gelblich-weiß, im Alter sich schwärzlich verfärbend. **St:** kurz und dick (3–5 cm), glatt, fest, sich wie der Hut verfärbend. **Fl:** weiß, fest, beim Durchschneiden nach einigen Minuten rot anlaufend, im Alter fast schwarz, von mildem Geschmack. **V:** häufig und gesellig in Laub- und Nadelwäldern, von Juli bis Oktober. **N:** nur im jungen Zustand genießbar.

Die übrigen Schwarztäublinge: *R. adusta* (PERS.) FR., der **Rauchbraune Schwarztäubling** und *R. densifolia* SECR., der **Dichtblättrige Schwarzt.** sind kleiner und haben dichter stehende Lamellen. Alle Schwarztäublinge spielen ihres festen und harten Fleisches zufolge als Speisepilze keine Rolle. Sie verfaulen nicht, sondern vertrocknen und verrotten langsam, wobei sie völlig schwarz werden und wie verkohlt aussehen; nicht selten findet man sie noch im Sommer des nächsten Jahres an ihren Standorten.

Ocker-Täubling, Zitronen-Täubling (Taf. 29, l.), *Russula ochroleuca* (PERS.) FR. **H:** anfangs gewölbt, im Alter verflacht und vertieft, 5–10 cm im Durchm., glatt, klebrig, blaßgelb bis ockergelb, in der Mitte häufig olivbräunlich bis grünlich. **L:** weiß bis weißgelb, oft mit braunen Flecken, ziemlich entfernt stehend und fast frei; Sporenstaub weißlichgelb. **St:** 4–7 cm hoch, gleichdick, walzenförmig, weiß bis ockergelb, später netzig-geringelt. **Fl:** weich, im Alter schwammig-weich, weiß, und etwas vergrauend, von angenehmem, schwach obstähnlichem Geruch und fast mildem Geschmack. **V:** häufig und gesellig in Laub- und Nadel-, vor allem in Fichtenwäldern, von September bis November. **N:** als Mischpilz eßbar. In großen Mengen genossen ist ein Abbrühen vor dem Genuß zu empfehlen. **VM:** Ähnlich ist der ungenießbare **Gallentäubling,** *R. fellea* (s. S. 81 u. Taf. 27, l.), der aber vorwiegend im Buchenwald wächst und sich durch einen brennend scharfen Geschmack auszeichnet. – Ähnlich ist auch der eßbare **Moor-Täubling** oder **Gelbe Graustieltäubling,** *R. flava* GRV., der nur unter Birken und Erlen anzutreffen ist und dessen Fleisch im Alter eine stark graue Färbung annimmt.

Frauen-Täubling, Lilagrüner Täubling (Taf. 29, r.), *Russula cyanoxantha* SCHAEFF. ex FR. **H:** 5–15 cm im Durchm., glatt, zuweilen mit erhabenen, radial zur Hutmitte verlaufenden Fasern, bei feuchtem Wetter klebrig, in der Farbe sehr veränderlich: violett, violettgrün oder dunkelgrün, zuweilen auch mit gelblichen oder rötlichen Schattierungen. **L:** rein weiß, weich, nicht splitternd, mit weißem Sporenstaub. **St:** 5–10 cm lang, walzenförmig, gegen die Basis meist verschmälert, weiß. **Fl:** weiß, fest, geruchlos, von mildem Geschmack. **V:** ziemlich häufig in Laubwäldern, vor allem unter Buchen, selten im Nadelwald, vom Juni bis zum Spätherbst. **N:** wohlschmeckender Speisepilz. **VM:** Von den meisten Täublingen ist der Frauen-T. gut durch die weichen, beim Darüberstreichen etwas schmierigen Lamellen zu unterscheiden.

Recht ähnlich ist der ebenfalls eßbare **Tauben-T.,** *Russula palumbina* QUÉL., der in gleicher Hutfarbe auftritt, aber spröde, splitternde, leicht gelbliche Lamellen und gelblichen Sporenstaub besitzt.

Weinroter Ledertäubling (Taf. 30, l.), *Russula alutacea* FR. em. MELZ & ZV. **H:** 8–20 cm im Durchm., glatt, klebrig, glänzend. Oberhaut halb abziehbar, weinrot bis violett- oder braunrot, in der Mitte sich nach olivgelb verfärbend. **L:** weitstehend, breit, dick, anfangs hell, im Alter dottergelb mit gelbem Sporenstaub. **St:** walzenförmig, dick, reinweiß. **Fl:** blaßgelblich, im Alter mürbe, geruchlos, von mildem Geschmack. **V:** nicht selten im Buchenwald auf Kalkboden, von Juni bis September. **N:** guter Speisepilz.

VM: Recht ähnlich ist der gleichfalls stattliche und als Speisepilz wertvolle **Rotstielige Ledertäubling,** *Russula olivacea* SCHAEFF., der sich von dem vorigen durch die stets glanzlose und trockene, runzelig-wellige und kaum abziehbare Oberhaut unterscheidet. Der Stiel ist in seinem oberen Teil meist rosa-violett angelaufen. – Mit Karbolwasser färbt sich das Fleisch intensiv rotviolett (heidelbeersaftartig), während sich *R. alutacea* nur stumpf fleischrot verfärbt.

Ähnlich dem vorigen ist auch der eßbare **Braune Ledertäubling (Taf. 30, r.),** *Russula integra* FR. Er ist kleiner, der Hut wird nur bis 12 cm breit und hat mehr braune Farben. Die **L:** nehmen im Alter eine ockergelbe Farbe an. **St:** bis 8 cm hoch, fest, weiß. **Fl:** weiß, geruchlos, von süßem, mandelartigem Geschmack. **V:** vorwiegend in Nadel- (Fichten- und Kiefern-) wäldern, von Juli bis Oktober. **N:** wertvoller Speisepilz.

Ein recht unangenehmer Doppelgänger des Braunen Ledertäublings ist der giftige **Zedernholz-Täubling,** *Russula badia* QUÉL., der einen trocken-glanzlosen, dunkel-blutroten, rotbraunen oder auch heller gefärbten Hut besitzt. Der 4–7 cm hohe, ziemlich kräftige Stiel ist meist rötlich überlaufen; die gelblichen bis hellockerfarbigen Lamellen riechen zerrieben nach Zedern- (Zigarrenkisten-)holz. Das feste, weiche Fleisch zeichnet sich durch einen äußerst brennend-scharfen Geschmack aus. **V:** nicht selten, in Kiefernwäldern von August bis Oktober. J. SCHAEFFER bezeichnet den Zedernholz-Täubling als den ›Schrecken der Täublingssammler‹.
Zu den Arten mit gelben Lamellen gehören auch die folgenden: **Gold-Täubling,** *Russula aurata* WITH. **H:** 3–9 cm breit, klebrig-glänzend, leuchtend goldgelb oder blutrot, oder beide Farben fleckenweise untereinander gemischt. **L:** hell- bis orangegelb mit zitronengelber Schneide. **St:** weiß, oft zitronengelb angelaufen. **Fl:** weiß, unter der Hutoberhaut gelb. **V:** im Laubwald besonders der montanen Region des südlichen Gebietes. **N:** guter Speisepilz.
Gelber Täubling, *Russula lutea* HUDS. ex FR. **H:** klein, nur 3–6 cm breit, dünnfleischig, bei feuchtem Wetter klebrig-glänzend, sonst glanzlos mit völlig abziehbarer, zitronengelber oder gelblich-rosafarbiger, im Alter weißgelb ausblassender Oberhaut. **L:** hell- bis dottergelb. **St:** 3–6 cm hoch, weiß, im Alter hohl, zerbrechlich. **Fl:** weiß, zerbrechlich, von mildem Geschmack.

V: vor allem in Buchenwäldern, von Juli bis Oktober. **N:** wohlschmeckender Speisepilz.
Herings-Täubling, *R. xerampelina* (SCHAEFF.) FR. **H:** 8–12 cm im Durchmesser, in der Farbe sehr veränderlich: dunkel-purpurrot mit dunklerer Mitte (= var. *rubra* BRITZ.) oder heller braunrötlich bis blaß (var. *barlae* MASS.), zuweilen auch grünlich (= var. *elaeodes* BRESS.); **L:** blaßgelblich, im Alter ockergelb, an Druckstellen bräunend; **St:** bis 7 cm lang, weiß, mit bräunlichen oder karminroten Tönungen; **Fl:** weiß, an Bruchstellen bräunend, von typischem Geruch nach Hering. **V:** häufig im Nadel- und Laubwald, von August bis Oktober. **N:** guter Speisepilz.
Der typische Geruch tritt erst an älteren Exemplaren in Erscheinung. Er findet sich auch noch bei einigen anderen Täublingen, so beim **Zitronen-T.** (s. S. 83), beim **Grünfeldriger T.** (s. unten) und beim **Brätling** (s. S. 89).

Grünfeldriger Täubling (Taf. 31, l.), *Russula virescens* (SCHAEFF.) FR. **H:** in der Jugend kegelförmig gewölbt und geschlossen, im Alter sich verflachend, 5–10 cm im Durchmesser, scharfrandig, in der Jugend blaß-grünlich-gelblich, im Alter graugrünfarbig oder olivgelblich, mit felderig aufreißender Oberhaut. **L.:** weißlich bis cremefarbig mit weißem Sporenstaub. **St:** kräftig, walzenförmig, bis 10 cm lang, weiß. **Fl:** weiß, fest, von mildem, angenehmem, nußartigem Geschmack (ältere Pilze riechen oft nach Heringslake). **V:** meist in Laubwäldern, stellenweise häufig und gesellig, von Juli bis August (bis Oktober). **N:** eßbar und wohlschmeckend.
Grasgrüner Täubling (Taf. 31, r.), *Russula aeruginea* LINDB. (= *R. graminicolor* RICKEN). **H:** 6–10 cm breit, mit abgerundetem Rand und vertiefter Mitte, klebrig-glänzend, gras- bis olivgrün, in der Mitte olivgrünschwarz, z. T. ausblassend, häufig mit rostigen Flecken. **L:** blaß- bis buttergelblich, oft braunfleckig. **St:** 4–7 cm hoch, weiß, oft braunfleckig. **Fl:** weiß, ohne besonderen Geruch; Geschmack zuweilen etwas scharf. **V:** in Birken- und Fichtenwäldern, von Juni bis Oktober, nicht selten. **N:** eßbar; guter Mischpilz. **VM:** sind mit dem Grünen Knollenblätterpilz gegeben, sofern man nicht auf die knollig verdickte Stielbasis und den Ring achtet.

Die **Milchlinge** und **Reizker** *(Lactarius)* sind mittelgroße bis große Lamellenpilze mit mürbem, brüchigem Fleisch, das farblosen, weißen oder lebhaft gefärbten Milchsaft in besonderen Milchröhren führt; Sporenstaub weiß oder gelb; Lamellen oft am Stiel herablaufend. Die Gattung ist mit rund 50 Arten in der heimischen Vegetation vertreten, von denen die folgenden abgebildet sind:[1]

---

[1] Bestimmungstabelle der wichtigsten Arten s. S. 153.

Pfeffer-Milchling (Taf. 32, l.), *Lactarius piperatus* (SCOP.) FR. **H:** sehr groß, 5–20 cm im Durchm., in der Jugend flach gewölbt, mit stark eingerolltem Rand, im Alter trichterförmig vertieft, weiß bis elfenbeinfarbig mit glatter Oberfläche. **L:** sehr dicht stehend, schmal und dicklich, gabelig-zweispaltig, am Stiel herablaufend, weißlich bis weißlich-gelb. **St:** 3–10 cm lang, kräftig, glatt, weiß. **Fl:** weiß, sehr fest und brüchig, mit reichlichem, brennendscharf schmeckendem Milchsaft (Kostprobe!) **V:** häufig in Laub-, besonders in Buchenwäldern, zuweilen in Ringen, von Juli bis Oktober. **N:** bei normaler Zubereitung ungenießbar; in Stücke geschnitten, mit Speck und Zwiebeln gebraten, soll der Pfeffer-Milchling aber ein schmackhaftes Gericht liefern. Man schreibt ihm eine harntreibende Wirkung zu, so daß er gelegentlich gegen Blasensteine Verwendung findet.

Verwechselt wird der Pfeffer-Milchling häufig mit dem **Wolligen Milchling** oder **Erdschieber (Taf. 32, r.),** *Lactarius vellereus* FR., der sich von jenem aber durch die wollig-filzige Hutoberfläche und die entfernt stehenden Lamellen unterscheidet. **H:** sehr groß, bis 20 (–30) cm im Durchm., in der Jugend mit eingerolltem Rand, im Alter vertieft und unregelmäßig verbogen, weiß bis gelblichweiß, mit feinwollig-filziger Oberfläche, häufig von Laub- und Erdresten bedeckt. **L:** entfernt stehend, schmal, am Stiel herablaufend, weißlich-gelb. **St:** kurz und dick, fest, weiß bis schmutzig-weiß, feinfilzig. **Fl:** weiß, brüchig, mit weißem, sehr scharf schmeckendem Milchsaft. **V:** häufig und gesellig in Laub- und Nadelwäldern, von Juli bis November. **N:** ungenießbar.

Zu den großen Milchlingen gehört auch der **Blutfleckige Milchling,** *L. controversus* (PERS.) FR., der fast nur unter Pappeln wächst und nur nach Vorbehandlung genießbar ist. Der bis 15 (–30) cm breite, in der Mitte vertiefte und am Rande feinfilzige Hut ist von weißlicher Farbe und zeigt oft unregelmäßige rote Flecken. Die dichtstehenden Lamellen sind blaß-fleischrötlich.

Tannen-Reizker, Olivbrauner Milchling (Taf. 33, l.), *Lactarius necator* (PERS. ex FR.) KARST. (= *L. turpis* WEINM.). **H:** in der Jugend am Rande stark eingerollt und gelbfilzig, im Alter sich verflachend, bei feuchtem Wetter klebrig und olivgelb-olivgrün-olivschwarz. **L:** blaßgelblich, bei Druck sich graubraun verfärbend, im Alter mit dunkler Scheide, am Stiel herablaufend. **St:** 3–5 cm lang, klebrig, olivfarben, aber etwas heller als der Hut, zuweilen mit grubig vertieften Flecken. **Fl:** weiß, fest, mit weißem, sehr scharf schmeckendem Milchsaft. **V:** häufig in Nadelwäldern und unter Birken, von Juli bis Oktober. **N:** nur nach Vorbehandlung genießbar, sonst giftig. Der Pilz wird in kleine Stücke geschnitten, über Nacht gewässert, ca. 5 Minuten in frischem Wasser gekocht und nach Abschütten des Kochwassers wie andere Pilze behandelt. Durch Wässern und Kochen werden die in der Milch enthaltenen, bitter schmeckenden, harzartigen Stoffe entfernt.

VM: Ähnlich ist der nur unter Buchen wachsende **Graugrüne Milchling,** *Lactarius blennius* FR., doch ist er viel kleiner und hat eine graugrünliche bis hellgrüne Hutfarbe sowie weiße Lamellen.

Rotbrauner Milchling, Braun-Reizker (Taf. 33, r.), *Lactarius rufus* (SCOP.) FR. **H:** 4–9 cm im Durchm., in der Jugend flach gewölbt, mit eingerolltem Rand, im Alter vertieft, aber in der Mitte spitz gebuckelt, lebhaft rotbraun, glatt, glänzend, trocken. **L:** blaß-rötlichgelb, etwas am Stiel herablaufend, im Alter durch die ausfallenden Sporen weiß bepudert **St:** schlank, im Alter hohl, bis 10 cm hoch, rotbraun, aber heller als der Hut, in der Jugend mit einem abwischbaren, weißlichen Reif überzogen. **Fl:** weißlich-rötlich, mit weißem, brennend-scharfen Milchsaft. **V:** häufig und gesellig in Nadelwäldern und auf Heiden, von Juni bis November. **N:** nur nach Wässern und Abbrühen (s. auch *L. necator)* eßbar.

Birken-Reizker (Taf. 34, l.), *Lactarius torminosus* (SCHAEFF.) FR. **H:** in der Jugend flach, mit stark eingerolltem Rand, im Alter ausgebreitet und etwas vertieft, 5–10 cm breit, am Rande filzig und zottig behaart (zuweilen verkahlend), gelblich-fleischrosa bis fleischbraun, mit regelmäßigen, dunkleren, konzentrischen Zonen. **L:** gedrängt stehend, rötlichblaß, am Stiel herablaufend. **St:** gleichmäßig dick, bis 6 cm hoch, im Alter hohl, blaßrosa, oft mit grubigen Flecken. **Fl:** rötlichweiß bis bräunlich, brüchig, mit weißem, brennend-scharfem Milchsaft. **V:** in lichten Wäldern und auf Waldwegen, meist unter Birken, von August bis Oktober. **N:** nur nach Vorbehandlung (Wässern und Abbrühen) genießbar, sonst giftig. **VM:** Ähnlich ist der **Echte Reizker,** *L. deliciosus* (S. 88), der aber orangefarbigen Milchsaft führt.

Bruch-Reizker (Taf. 34, r.), *Lactarius helvus* FR. **H:** in der Jugend flach gewölbt, später breit-trichterförmig vertieft, 6–15 cm im Durchm., mit mürbem, zerbrechlichem Fleisch, gelbrötlich, ledergelb oder graurötlich, feinschuppig-filzig. **L:** rötlich-gelb, am Stiel herablaufend. **St:** 5–10 cm hoch, markig-hohl, von etwas hellerer Farbe als der Hut. **Fl:** blaßgelblich, zerbrechlich, mit wäßrigem Milchsaft von mildem Geschmack, trocken, nach *Liebstöckelkraut* bzw. nach *Maggiwürze* riechend. **V:** häufig und gesellig auf feuchtem, torfigem Boden, in Mooren und Wäldern, unter Kiefern, Fichten und Birken. **N:** trotz des milden Geschmacks **giftig,** höchstens in kleinen Mengen als Würzpilz brauchbar. **VM:** Um eine Verwechslung mit anderen Reizkern auszuschließen, achte man beim Sammeln auf den gleichmäßig gefärbten (ohne konzentrische Ringe) und feinschuppig-filzigen Hut sowie auf den wasserhellen Milchsaft und den Geruch!

Strohgelber Milchling, Grubiger Milchling (Taf. 35, l.), *Lactarius scrobiculatus* (SCOP.) FR. **H:** in der Jugend mit stark eingerolltem Rand, im Alter vertieft bis trichterförmig, bis 15 (–30) cm im Durchm., borstig-rauhhaarig, bei feuchtem Wetter klebrig, strohgelb, oft dunkler gezont. **L:** gelblichweiß, am Stiel herablaufend. **St:** kurz, dick, hohl, gelblich, mit dunkleren, vertieften Gruben. **Fl:** weißlichgelb, mit scharf schmeckendem, weißem, an der Luft sofort sich schwefelgelb verfärbendem Milchsaft. **V:** in feuchten Nadelwäldern, von August bis Oktober, in Norddeutschland selten. **N:** ungenießbar, gilt als **giftig. VM:** Der grubige Stiel und die nach schwefelgelb sich verfärbende Milch kennzeichnen diese Art so gut, daß eine Verwechslung mit anderen Arten schwer möglich ist.

Milder Milchling (Taf. 35, r.), *Lactarius mitissimus* FR. (= *L. aurantiacus* FL. DAN.). **H:** 3–6 cm breit, bisweilen spitz gebuckelt, glatt, einfarbig orange. **L:** blaß-ockerfarbig bis gelborange. **St:** bis 5 cm lang, von der Farbe des Hutes. **Fl:** gelblich, mit weißem, anfangs mild, später etwas zusammenziehend schmeckendem Milchsaft. **V:** häufig und gesellig in Laub- und Nadelwäldern, von August bis November. **N:** eßbar. **VM:** Ähnlich ist der jedoch viel größere eßbare Brätling, *Lactarius volemus* (s. S. 89).

Echter Reizker, Edel-Reizker (Taf. 36, l.), *Lactarius deliciosus* (L. ex FR.) GRAY. **H:** in der Jugend flach gewölbt mit eingerolltem Rand, im Alter sich verflachend und trichterförmig vertiefend, lebhaft orange- bis ziegelrot (karottenfarbig), durch dunklere, konzentrische Kreise gezont, bei Druck und im Alter grünspanfleckig. **L:** dicht stehend, breit, starr, brüchig, ungleich lang, etwas am Stiel herablaufend, lebhaft orangefarbig, bei Druck und Verletzung grünspanig anlaufend. **St:** 3–6 cm hoch, hohl, zerbrechlich, von der Farbe des Hutes. **Fl:** brüchig, weißlich, sich beim Anschneiden aber schnell durch den austretenden, orangefarbigen Milchsaft verfärbend, von angenehm aromatischem Geruch und mildem, würzigem Geschmack. **V:** häufig und gesellig in Nadelwäldern, vor allem unter Fichten, auf grasigen Waldschneisen und Lichtungen, feuchten Boden bevorzugend, von Juli bis November. **N:** wertvoller Speisepilz, besonders zum Braten geeignet, weniger für Suppen und als Gemüse. **VM:** Der Edelreizker ist einer der edelsten Speisepilze, der kaum mit anderen Pilzen verwechselt werden kann.

Der äußerlich sehr ähnliche **Birken-Reizker** (*L. torminosus;* s. S. 87) besitzt einen zottigen Hutrand und weißen Milchsaft. – Ein hochgeschätzter Speisepilz ist auch der dem Edelreizker ähnliche **Blut-Reizker,** *L. sanguifluus* (PAUL.) FR., dessen Milchsaft aber viel dunkler und rotweinartig gefärbt ist und der unter Kiefern und Wacholder auf Kalkböden wächst (in Norddeutschland fehlend).

Brätling (Taf. 36, r.), *Lactarius volemus* FR. **H:** in der Jugend kugelig, dann flach gewölbt mit eingerolltem Rand und im Alter trichterförmig vertieft, trocken und matt, im Alter oft rissig, orangefarbig bis gelbbraun, nicht gezont. **L:** dicht stehend, blaßgelb, dicklich, starr, etwas am Stiel herablaufend, bei der geringsten Verletzung eine schneeweiße, klebrige, an der Luft grauende Milch ausscheidend, wodurch die Lamellen braunfleckig werden. **St:** 6–10 cm hoch, fest und voll, matt (wie bereift), hellorange-gelbbraun, an der Basis verjüngt und abgerundet. **Fl:** sehr fest, gelblich-weiß, von mildem, nußähnlichem Geschmack. Geruch zuerst honigartig, im Alter hering- oder hummerartig. **V:** meist einzeln, vorwiegend in Laubwäldern, von Juli bis Oktober. **N:** vorzüglicher Speisepilz, jedoch nur zum Braten geeignet. Am besten schmeckt der Pilz wie ein Wiener Schnitzel oder Leber zubereitet. Beim Kochen und Dünsten wird er schleimig und unappetitlich. **VM:** Der ähnliche **Milde Milchling** *(L. mitissimus,* s. S. 88) ist wesentlicher kleiner; das Fleisch nicht so fest und riecht im Alter nicht nach Hering.

Röhrenpilze (*Boletales*)[1]

Die **Röhrlinge** (im engeren Sinn), *Boletus,* sind kräftige Pilze mit dickfleischigem Hut und dickem, klobigem, in der Jugend bauchig-knolligem Stiel, der häufig mit einem Netz feiner, erhabener Leisten überzogen oder fein flockig punktiert ist. Die Sporen sind von gelblicher bis olivbrauner Farbe. Bei einigen Arten läuft das Fleisch beim Durchschneiden blau an. Zu diesen gehört der giftige.

Satanspilz oder **Satans-Röhrling (Taf. 37, l.),** *Boletus satanas* LENZ. **H:** 6-18 (–30) cm Durchm., polsterförmig aufgewölbt bis flach ausgebreitet, in der Jugend mit eingerolltem Rand, fest und dickfleischig. Die feinsamtige Hutoberhaut ist von weißlich bis ledergelber Farbe und nimmt im Alter eine hellgraue bis olivgraue, zuweilen grünlich schimmernde Tönung an und ist nicht abziehbar. **R:** eng, rundlich-eckig mit anfangs gelben, sich später purpurrot verfärbenden und bei Druck grünblau anlaufenden Mündungen, leicht vom Hutfleisch abtrennbar. **St:** kurz, kugelig-dickbauchig, bis 10 cm im Durchm., an der Spitze gelb, in der Mitte karminrot, gegen die Basis wieder gelblich, zuweilen auch einheitlich rot oder gelb, mit blutrotem, feinmaschigem Adernetz. **Fl:** weißlich, fest, in der Jugend zuweilen auch gelblich, im Alter schwammig, beim Durchschneiden sich nur langsam und wenig bläuend, von unangenehmem, aasartigem Geruch und süßlichem, nußähnlichem Geschmack. **V:** in lichten Laubwäldern, meist unter Eichen und Buchen, nur auf Kalkboden, vorwiegend in Süd- und Mitteldeutschland, in Norddeutschland selten, von Juli bis Oktober. **N: giftig,** roh genossen schon in kleinen Mengen. **VM:** Man achte auf das rote Stielnetz und die roten Porenmündungen, um eine Verwechslung mit den ähnlichen **Hexenpilzen** (s. unten) und dem **Dickfußröhrling** (s. S. 92) auszuschließen; der Satanspilz ist viel seltener als jene.

Netzstieliger Hexenröhrling (Taf. 37, r.), *Boletus luridus* FR. **H:** 6–15 (–20 cm) im Durchm., polsterförmig gewölbt, dickfleischig, in der Farbe sehr veränderlich: olivgelb, bräunlich bis rötlich oder dunkelbraun, in der Jugend feinfilzig, im Alter glatt, bei Feuchtigkeit klebrig-schmierig. **R:** ziemlich lang, gelb bis gelbgrün, mit lebhaft orangeroten, im Alter olivgrüngelben Mündungen, die sich bei Druck sofort lebhaft schwärzlich-blau-

[1] Bestimmungstabelle siehe Seite 138

grün verfärben. **St:** in der Jugend bauchig, im Alter gestreckt, walzenförmig, gegen die Basis verschmälert, lebhaft gelb bis orangerot, mit dunkelpurpurner bis schwarzroter Basis und deutlichem, länglich-maschigem Adernetz. **Fl:** blaßgelb, im Hut und an der Stielbasis oft weinrötlich, beim Durchschneiden bläuend, geruchlos, von mildem Geschmack. **V:** in lichten Laubwäldern, in Parkanlagen, in Straßengräben, meist im Gras wachsend, gern auf Kalkboden. **N:** gilt als eßbar; roh genossen oder nicht genügend gekocht und gebraten, bzw. in Verbindung mit alkoholischen Getränken bewirkt der Netzstielige H. Kreislauf- und Verdauungsstörungen. Er kann deshalb nur als ein bedingt eßbarer Pilz bezeichnet werden. **VM:** Er wird meist für den Satanspilz gehalten, von dem er sich aber durch die orangeroten (nicht purpur- bis blutroten) Röhrenmündungen unterscheidet. Auch eine Verwechslung mit dem **Flockenstieligen (s. Taf. 38, l.)** und **Glattstieliger Hexenröhrling** ist möglich.

Flockenstieliger Hexenröhrling, Schusterpilz, Donnerschwamm (Taf. 38, l.), *Boletus erythropus* FR. (= *B. miniatoporus* SECR.). **H:** 6–15 (–20) cm breit, in der Jugend halbkugelig, später polsterförmig gewölbt, dickfleischig, mit fein samtfilziger, dunkelbrauner bis fast schwarzbrauner, im Alter ausblassender Oberhaut. **R:** in der Jugend grünlich-gelb, im Alter mit goldgelben bis tief blutroten Mündungen, die sich bei Druck sofort schmutzig schwarzblau verfärben. **St:** 4–12 cm lang, bauchig oder walzenförmig, auf gelbem Untergrund dicht rotfilzig punktiert oder orange- bis karminrot quergeschuppt, aber nicht mit einem Adernetz versehen, bei Berührung sofort blaufleckend. **Fl:** fest und derb, lebhaft schwefel- bis zitronengelb, beim Anschneiden augenblicklich blau bis dunkelblau anlaufend, beim längeren Liegen oder Kochen aber wieder die gelbe Färbung annehmend, von schwachem Geruch und mildem, etwas säuerlichem Geschmack. **V:** nicht selten unter Buchen oder Fichten, auf kalkarmem, saurem Substrat, von Juni bis November. **N:** für den Kenner ein vorzüglicher Speisepilz, der jedoch lange genug zu kochen oder zu braten ist, da sonst Verdauungsstörungen auftreten können. Roh genosssen ist er **giftig. VM:** Man achte auf den feinadrigen oder geschuppten, nicht genetzten Stiel, auf den dunkelfarbigen Hut, um eine Verwechslung mit dem **Satanspilz** (s. S. 90) und anderen **Hexen-Röhrlingen** auszuschließen.

Recht ähnlich ist der seltene **Glattstielige H.**, *B. queletii* SCHULZ (= *B. erythropus* PERS.). Er unterscheidet sich vom vorigen durch die olivgelbe oder bräunliche, zuweilen auch rote oder blutrote Hutfarbe, die orangeroten (nicht blutroten) Röhrenmündungen, das weniger starke Blauen des Fleisches und den nur feinfilzig-punktierten, zuweilen glatten, an der Spitze lebhaft gefärbten Stiel. Der Pilz tritt in Laubwäldern auf und ist gekocht eßbar.

Dickfuß-Röhrling, Schönfußröhrling, Bitterer Röhrling (Taf. 38, r.), *Boletus calopus* FR. (= *B. pachypus* FR.). **H:** 6–15 (–20) cm breit, in der Jugend kugelig, mit eingerolltem Rand, im Alter polsterförmig gewölbt, dickfleischig, mit hellgrauer bis olivgraugelblicher, matter, feinfilziger Oberhaut. **R:** Schwer vom Hutfleisch ablösbar, mit zitronen- bis schwefelgelben, bei Druck blauenden Mündungen. **St:** knollig-bauchig oder gestreckt, 5–7 cm lang, an der Spitze gelb, an der Basis lebhaft karmin- bis dunkelrot, sich bei Druck schwärzlich-grün bis schwärzlich verfärbend, mit deutlichem, erhabenem, rötlichem oder gelblichweißem Adernetz. **Fl:** hart, blaßgelblich, beim Anschneiden schwach blauend, von sehr bitterem Geschmack. **V:** in Nadel- und Laubwäldern, namentlich unter Buchen, meist gesellig, von Juli bis Oktober. **N:** ungenießbar und **leicht giftig. VM:** ähnlich ist der Satanspilz, doch hat dieser rote Poren.

Nahe verwandt ist auch der **Wurzelnde Röhrling,** *Boletus radicans* PERS. ex FR., der einen sehr hellen, weißlich-grauen bis blaßbräunlichen Hut besitzt; die gelben Röhren laufen bei Druck bläulich an; Stiel fahl- bis zitronengelb, niemals intensiv rot, fein genetzt, an der Basis spindelförmig zugespitzt und tief im Boden wurzelnd. Das sehr feste, zitronengelbe Fleisch läuft beim Durchschneiden kräftig blau an und ist von bitterem Geschmack. **V:** in Laubwäldern, von Juli bis Oktober. **N:** ungenießbar.

Für den Anfänger ist es wichtig zu wissen, daß alle dickstieligen Röhrlinge mit blaß-grauen Hutfarben (Satanspilz, Schönfuß-Röhrling, Wurzelnder Röhrling) **ungenießbar** und z. T. **giftig** sind!

Der **Steinpilz (Taf. 39),** *Boletus edulis* BULL. ex FR., ist einer der beliebtesten und begehrtesten Speisepilze und seiner Haltbarkeit wegen zugleich einer der häufigsten Marktpilze. Schnekken, Käfer und Wild wissen ihn ebenso zu schätzen wie der Mensch. **H:** 8–20 (–30) cm breit, in der Jugend fast kugelig, später polsterförmig gewölbt, in der Farbe recht veränderlich: graugelblich bis dunkel- oder rotbraun, trocken, bei Feuchtigkeit etwas klebrig. **R:** anfangs weißlich, später mit gelblichen bis gelbgrünen Mündungen, bei Druck die Farbe nicht verändernd. **St:** in der Jugend dickbauchig, im Alter sich streckend und spitzenwärts verjüngend, dadurch keulen- oder walzenförmig, 6–12 cm lang, weißlich oder blaßbräunlich, im oberen Teil mit deutlichem, weißem Adernetz. **Fl:** weiß, unter der Hutoberhaut etwas rötlich, sich beim Durchschneiden nicht verfärbend, in der Jugend fest, im Alter schwammig weich, von mildem, nußartigem Geschmack. **V:** häufig in Laub- und Nadelwäldern von (Mai) Juni bis Oktober. **N:** vorzüglicher Speisepilz, zum Schmoren, Braten, auch zum Trocknen und für Pilzmehl geeignet. **VM:** Der unangenehmste Doppelgänger des Steinpilzes ist der sehr bitter schmeckende **Gallenpilz,** *Tylopilus felleus* (s. S. 95 und **Taf. 46, l.).** Ein einziges Exemplar kann ein ganzes Steinpilzgericht verderben. Wer den Gallenpilz nicht genau kennt, muß sich beim Sammeln durch eine Geschmacksprobe sichern.

Der Steinpilz ist außerordentlich formenreich; man unterscheidet eine Reihe von Unterarten, die z. T. auch als selbständige Arten aufgefaßt werden. Von diesen seien erwähnt:

Sommer- oder Eichensteinpilz, *B. edulis* ssp. *reticulatus* SCHAEFF. Hut hell, graugelblich bis bräunlich, feinfilzig, oft feldrig-rissig, mit kurzem, dickem, blassem Stiel, der von der Spitze bis zur Basis mit einem feinen Netz überzogen ist. **V:** schon recht früh, von Mai bis Juli, unter Eichen, auch unter Buchen.

Kupferroter Steinpilz, *B. edulis* ssp. *pinicola* VITT. Hut kupferrotbraun mit dickbauchigem, weißem oder gelbbräunlichem bis rotbraunem, deutlich genetztem Stiel. – **V:** vom Frühsommer bis zum Herbst im Laub-, vor allem aber im Nadelwald.

Schwarzhütiger oder **Bronze-Steinpilz,** *B. edulis* ssp. *aereus* FR. (= *B. aereus* BULL. ex FR.). Hut dunkel schokolade- bis schwarzbraun mit bräunlichem, braungenetztem Stiel und anfangs weißen, später goldgelben bis bräunlichen Röhrenmündungen. **V:** besonders im Mittelmeergebiet, in Deutschland zuweilen unter Eichen.

Königsröhrling (Taf. 40, l.), *Boletus regius* KROMBH. **H:** flachpolsterförmig mit gelblicher bis rosafarbiger, fein rötlich bis blutrot überfaserter Oberhaut. **R:** zitronen- bis goldgelb. **St:** walzenförmig, leuchtend zitronengelb, an der Basis oft mit rötlichen Flecken, sehr fein genetzt. **Fl:** dick, fest, zitronengelb, in der Stielbasis schwach rötlich, weder bei Druck noch beim Durchschneiden blauend. **V:** im Laubwald, meist unter Buchen, besonders auf Kalk, selten. **N:** eßbar, wegen seiner Seltenheit aber zu schonen.

Hohlfußröhrling (Taf. 40, r.), *Boletinus cavipes* (OPAT.) KALCHBR., **H:** 5–8 (–14) cm breit, flach gewölbt, meist gebuckelt, eingewachsen filzig-faserschuppig, zitronengelb, orangegelb bis zimtbraun, am Rande zuweilen mit weißwolligen Schleierresten. **R:** am Stiel herablaufend, fast reihig angeordnet, mit sehr weiten, eckigen, blaßgelben bis olivgrüngelben Poren. **St:** gelbbräunlich, hohl, mit weiß-wolligem Ring, unterhalb desselben faserig-schuppig. **Fl:** blaßgelblich, sich beim Durchschneiden nicht verfärbend. **V:** gesellig, von Juli bis November im Nadel- oder Mischwald, meist unter Lärchen; nur gebietsweise häufiger. **N:** eßbar. **VM:** *B. cavipes* ist der einzige Röhrling mit hohlem Stiel, so daß eine Verwechslung mit anderen ausgeschlossen ist.

Bei den **Schmierröhrlingen,** *Suillus* (= *Ixocomus, Boletus*) ist die Hutoberfläche schmierig-schleimig (zumindest bei feuchtem Wetter); ihr Fleisch ist weich und schwammig. Bei einigen Arten sind die Röhren in der Jugend durch einen Schleier verschlossen, der später als Ring am Stiel sichtbar ist.

Pfeffer-Röhrling (Taf. 41, l.), *Suillus* (= *Ixocomus*) *piperatus* (BULL. ex FR.) KUNTZE. **H:** 2–7 cm im Durchm., flach gewölbt, mit schleimig-klebriger oder glänzender gelbbrauner bis kupferbräunlicher Oberhaut. **R:** weit-eckig, mit rostgelben bis rostbraunen Mündungen. **St:** schlank, 3–7 cm lang, von der Farbe des Hutes, aber mit lebhaft gelber Basis. **Fl:** im Hut blaßgelb, an der Stielbasis intensiv gelb, von pfefferartig-brennendem Geschmack. **V:** häufig in Nadelwäldern, von Juni bis Oktober. **N:** in größeren Mengen ungenießbar; in kleiner Menge als Pfefferersatz zu verwenden. **VM:** Eine Verwechslung mit anderen Röhrlingen ist durch die zitronengelbe Stielbasis, die rostfarbenen Porenmündungen und den pfefferartigen Geschmack nicht gegeben.

Kuhpilz, Kuh-Röhrling (Taf. 41, r.), *Suillus* (= *Ixocomus*) *bovinus* (L. ex FR. KUNTZE. **H:** 3–10 cm breit, flach gewölbt, nach Regen schmierig-klebrig (wie ein Kuhmaul), in trockenem Zustand glänzend, lederfarbig, gelbbräunlich bis rötlich. **R:** graugelblich bis olivbräunlich, etwas am Stiel herablaufend, mit weiten, eckigen, oft in radialstrahligen Reihen angeordneten Mündungen, die durch niedrige Scheidewände in 3–4 enge Kammern unterteilt sind. **St:** schlank-walzenförmig, 2–6 cm lang, von der Farbe des Hutes. **Fl:** gummiartig elastisch, biegsam, blaß rötlichgelb, beim Durchschneiden etwas bläuend. **V:** häufig und gesellig in sandigen Heidekraut-Kiefernwäldern. **N:** eßbar, wegen seines gummiartigen Fleisches aber nicht geschätzt. **VM:** Man achte auf die sehr weiten, unterteilten Röhren.

Ähnlich ist der **Pfeffer-Röhrling** (s. S. 94), der aber rostfarbene Röhren hat und von pfefferartigem Geschmack ist. – Der **Sandröhrling** (s. S. 96) hat meist eine rauhe Hutoberfläche und nicht unterteilte Röhren.

Goldröhrling (Taf. 42, l.), *Suillus grevillei* (KLOTSCH) SING (= *Ixocomus elegans* SCHUM. ex FR.). **H:** 5–12 (–15) cm, flach gewölbt, in der Jugend und später bei feuchter Witterung stark schleimig, sonst trocken, glänzend, mit zitronen- bis goldgelber, leicht abziehbarer Oberhaut. **R:** *schwefelgelb,* mit engen, sich an Druckstellen rotbraun verfärbenden Mündungen. **St:** schlank und dünn, ziemlich kurz, gelb bis rötlich, über dem leicht vergänglichen Ring rot punktiert. **Fl:** gelb, weich. **V:** in Lärchenwäldern oder unter einzelnen Lärchen und Laubwäldern bzw. Parkanlagen, häufig, von Juni bis Oktober. **N:** wohlschmeckender Speisepilz. – Der Goldröhrling ist in seinem Auftreten an Lärchen gebunden und tritt als deren Mykorrhizapilz auf.

Butterpilz, Butter-Röhrling (Taf. 42, r.), *Suillus* (= *Ixocomus luteus* (L. ex FR.) S. F. GRAY. **H:** 4–10 cm breit, halbkugelig gewölbt, dickfleischig, bei feuchter Witterung schmierig glänzend, mit leicht abziehbarer, gelb- bis schokoladenbrauner, zur Mitte hin dunklerer Oberhaut. **R:** zitronengelb, mit engen, rundlich-eckigen Mündungen, leicht vom Hutfleisch ablösbar. **St:** gleichmäßig dick, 3–10 cm lang, mit großem, häutigem, anfangs weißem, später violettbräunlichem, vergänglichem Ring, oberhalb desselben gelb mit braunen Punkten, unter diesem bräunlich. **Fl:** dick, weich, schwammig, weißlich-gelb bis zitronengelb, sehr leicht faulend, von obstartigem Geruch und mildem, angenehm säuerlichem Geschmack. **V:** häufig in sandigen Kiefernwäldern, auf Waldschneisen, zwischen Moos und Heidekraut, vom Sommer bis zum Herbst. **N:** vorzüglicher Speisepilz; doch ist zu empfehlen, die Haut schon beim Sammeln abzuziehen und die Pilze nicht zu drücken, da sie sonst unansehnlich werden. Wie alle weichfleischigen Pilze darf auch der Butterpilz vor der Zubereitung nicht gewaschen werden. **VM:** Eine Verwechslung wäre nur mit dem gleichfalls eßbaren **Körnchen-Röhrling** (*Suillus granulatus,* s. S. 97) möglich; auch eine Verwechslung mit gelbhütigen Formen des **Goldröhrlings** (*Suillus grevillei,* s. S. 95) ist unschädlich.

Sandröhrling, Sandpilz (Taf. 43, l.), *Suillus* (= *Ixocomus*) *variegatus* (SOW. ex FR.) KUNTZE. **H:** 5–12 cm breit, flach gewölbt, scharfrandig, bei feuchtem Wetter klebrig-schmierig, sonst trocken, mit braungelber bis rotgelber Oberhaut, die dicht mit rötlichbraunen Schüppchen besetzt ist und daher rauh und wie mit grobem Sand bestreut erscheint. Nach Regen und im Alter verschwinden diese bisweilen. **R:** mit engen, in der Jugend gelblichen, später olivgraugelben bis bräunlichen Mündungen. **St:** walzenförmig, 5–10 cm lang, blaßbräunlich-gelb, zuweilen mit rötlicher Basis. **Fl:** hellgelb, beim Durchschneiden schwach bis stärker blauend, von säuerlichem Geruch. **V:** häufig und gesellig in sandigen Kiefernwäldern, von Juni bis November. **N:** eßbar, doch nur junge Exemplare verwenden! Eignet sich auch zur Herstellung von Pilzmehl.

Elfenbeinröhrling (Taf. 43, r.), *Suillus* (= *Ixocomus*) *placidus* (BON.) SING. **H:** 3–12 cm Durchmesser, flach gewölbt, mit schmierig-schleimiger, elfenbeinweißlicher, im Alter sich bräunlich-gelblich verfärbender Oberhaut. **R:** in der Jugend weißlich, im Alter zitronen- bis olivgelb; ihre eckig gezähnten Mündungen scheiden rötliche Tropfen ab; Sporenstaub zimtfarbig. **St:** ringlos, schlank, gleichmäßig dick, gegen die Basis wurzelartig verjüngt, weiß bis gelblichweiß, mit purpurbraunen bis schwärzlichen, bisweilen netzartig angeordneten Körnchen. **Fl:** weiß oder weißlich. **V:** nur unter 5nadeligen Kiefern, so unter Weymouthskiefer *(Pinus strobus)* selten Zirbelkiefer *(Pinus cembra).* Der Pilz lebt in Symbiose mit der ersteren und dürfte mit dieser aus Nordamerika nach Europa eingeschleppt worden sein. Er ist ziemlich selten, wächst aber gesellig, vom Juni bis Oktober. **N:** eßbar. **VM** nicht gegeben; wenn auf den Standort geachtet wird.

Standortsgebunden und nur in den Schweizer Alpen auftretend ist auch der **Zirben-Röhrling,** *Suillus plorans* (ROLL.) SING. *(= Boletus cembrae* STUDER, der einen bis 15 cm großen schokoladebraunen, gelbbraunen, strohgelben, selten weißen Hut besitzt. Der gleichdicke, bräunliche Stiel ist mit roten bis purpurroten Körnchen besetzt; Röhren blaßgelb bis olivbraun; Fleisch gelbbraun bis braunorange.

Zu den standortstreuen Pilzen gehört weiterhin der **Graue Lärchenröhrling (Taf. 44, l.)**, *Suillus aeruginascens* (SECR.) SNELL (= *Ixocomus viscidus* FR.). **H:** 4–9 cm breit, schleimig-klebrig, blaßgrau, gelblichgrau oder schmutzig-gelblich, fein beschuppt. **R:** am Stiel herablaufend, mit ziemlich weiten, in der Jugend hellgrauen, im Alter olivgrau-bräunlichen Poren. **St** schlank, kurz, gleichmäßig dick, grauweiß bis bräunlich, bisweilen mit grünlichem oder violettem Schimmer, in der Jugend mit weißlichem, sich später bräunlich verfärbendem Ring. **Fl:** weißlich bis gelblich, weich, im Stiel beim Durchschneiden sich etwas blaugrünlich verfärbend. **V:** gesellig unter Lärchen, vom (Mai) Juni bis Oktober, aber nicht überall häufig. **N:** eßbar. – Der Lärchenröhrling ist außer dem Goldröhrling (s. S. 95) und dem Hohlfußröhrling (s. S. 94) ein weiterer Symbiose-Pilz der Lärche, der kaum mit einer anderen Art verwechselt werden kann, sofern man auf den Ring und die gräulich-bräunlichen Röhren achtet.

Körnchenröhrling, Schmerling (Taf. 44, r.), *Suillus* (= *Ixocomus*) *granulatus* (L. ex FR.) SNELL. **H:** 5–8 (–14) cm im Durchmesser, in der Jugend kegelförmig gewölbt bis halbkugelig mit eingerolltem Rand, im Alter sich verflachend. Oberhaut leicht abziehbar, braun- bis rötlich-, zuweilen auch strohgelb, mit dickem, schmierigem Schleim, der bei Trockenheit eintrocknet, wodurch die Hutoberfläche trocken und glänzend wird. **R:** mit dem Stiel verwachsen, mit rundlich-eckigen, in der Jugend hell- bis buttergelben, im Alter oliv- bis braun-gelben Mündungen, die an jungen Pilzen reichlich milchige, bitter schmeckende Tropfen absondern. Sporenpulver oliv-braun. **St:** schlank, walzenförmig, 4–8 cm lang, ringlos, hellgelb, an der Spitze mit feinen, weißlichgelben, später sich dunkelbraun verfärbenden Körnchen oder Schüppchen. **Fl:** hellgelb, weich, von schwach obstartigem Geruch und mildem Geschmack: **V:** häufig und gesellig, in sandigen Kiefernwäldern, auf Waldwegen und Lichtungen, von Juni bis Oktober. **N:** schmackhafter Speisepilz, der vor der Zubereitung wie alle weichfleischigen Röhrlinge nicht gewaschen werden darf. **VM:** Ähnlich sind Butterpilz (s. S. 25) und Goldröhrling (s. S. 95), die jedoch beringte Stiele haben.

Die **Rauhfüße**, *Leccinum* (= *Trachypus; Boletus*), besitzen einen durch dunklere Schuppen rauhen Stiel; die weiße, seltener gelbe Röhrenschicht quillt im Alter am Hutrand hervor.

Birkenröhrling, Birkenpilz (Taf. 45, l.), *Leccinum scabrum* (BULL. ex FR.) S. F. GRAY (= *Trachypus scaber* BULL.; = *Boletus scaber* BULL.; = *B. leucophaeus* PERS.). **H:** 5–12 cm breit, in der Jugend halbkugelig, später polsterförmig oder flach, weichfleischig, glatt, bei feuchtem Wetter schmierig, in der Farbe variabel: heller oder dunkler grau-, ocker-, dunkel- oder schwarzbraun, seltener weiß (ssp. *niveum* FR.). **R:** 1–2 cm lang, in der Jugend weiß, im Alter grau mit kleinen, runden Mündungen; Sporenpulver dunkelolivbraun. **St:** schlank, bis 15 cm lang, sich zur Spitze hin verjüngend, weiß, mit kleinen schwärzlichen Flockenschuppen oder Fasern und dadurch rauh erscheinend. Alte Stiele trocken, holzig und zäh. **Fl:** grau-weiß, weich, bei nassem Wetter schwammig, beim Durchschneiden die Farbe leicht verändernd, von mildem Geschmack. **V:** in dichten Wäldern, auf Heiden, Mooren, im Grase und Gebüsch, vor allem aber unter Birken, Pappeln und Weißbuchen. Der Birkenpilz lebt in Symbiose mit den Wurzeln der Birke. **N:** jung ein guter und wohlschmeckender Speisepilz.

Vom Birkenpilz sind eine Reihe von Formen zu unterscheiden, die von einigen Autoren als selbständige Arten aufgefaßt werden. Der **Weiße Birkenröhrling,** ssp. *niveum* FR., besitzt einen reinweißen Hut und findet sich unter Birken auf saurem, moorigem Boden.
Der **Schwärzliche Birkenröhrling;** Espen-Rauhfuß, *L. griseum* (QUÉL.) SING. [= *Boletus* (= *Trachypus) carpini* SCHULZ ex PEARS. pseudoscaber KALLENB.; = *B. nigrescens* HUBER], besitzt einen härteren, zartfilzigen, niemals schmierigen, oft dunkelbraunen bis schwarzbraunen, runzeligen, im Alter rissig aufspringenden Hut. Das Fleisch verfärbt sich beim Anschneiden rötlich-violettgrau bis schwärzlich. Bei Druck schwärzen sich Hut, Röhren und Stiel. **V:** Unter Hainbuchen, Pappeln und Birken.
Der **Härtliche Röhrling,** *L.* (= *Trachypus*) *duriusculum* KALCHBR. & SCHULZ, ist dem Rothäubchen (s. S. 99) nicht unähnlich. Der Hut ist feinfilzig, trocken, hartfleischig und von brauner bis dunkelkastanienbrauner Farbe. Der kräftige keulenförmige Stiel ist an der Basis verjüngt und auf hellem Grund dicht schwärzlich schuppig; das harte Fleisch läuft beim Durchschneiden rötlich bis violettschwärzlich an. Der nicht sehr häufige Pilz wächst unter Haibuchen und Zitterpappeln.
Dem Birken-Röhrling ähnlich ist auch der **Gelbe Birkenröhrling,** G. Rauhfuß, *Leccinum crocipodius* (LET.) WATLING (= *Boletus rimosus* VENT.). Der feinsamtig-filzige, 5–15 cm breite Hut ist von oliv- bis zitronengelber, im Alter von bräunlicher Farbe und oft feldrig zerrissen; die langen, engen, zitronen- bis olivgelblichen Röhren sind um den Stielansatz herum tief eingebuchtet; der blaßzitronengelbe Stiel ist an der Spitze längsrillig und durch flockige, gelbe oder bräunliche Schuppen rauh; Stielbasis spindelförmig zugespitzt. Das gebliche Fleisch läuft bei Verletzung rötlich an und wird später schwarz. Selten; von Juni bis September in Laubwäldern unter Eichen und Buchen.

Das **Rothäubchen** oder die **Rotkappe (Taf. 45, r.)**, (*Trachypus versipellis,* FR.; = *Boletus rufus* SCHAEFF.) wird heute in 2 Arten aufgespalten, die sich hinsichtlich der Farbe ihres Hutes und auch des Standortes unterscheiden und als *Leccinum aurantiacum* (BULL.) S. F. GRAY und *L. testaceo-scabrum* (SECR.) SING. bezeichnet werden. **H:** 7–20 cm breit, habkugelig-polsterförmig, dick- und festfleischig, mit über dem Hutrand überstehender, zu den Röhren hin eingebogener Oberhaut. Diese ist bei *L. aurantiacum* von dunkelroter bis fuchsig-orangebrauner, bei *L. testaceo-scabrum* von organgegelber bis *gelbbrauner* Färbung. **R:** am Stiel frei, bei *L. aurantiacum* von weißlicher, bei *L. testaceo-scabrum* schon in der Jugend von schmutziggrauer bis rußigbrauner Färbung. **St:** kräftig, gedrungen, 10–15 cm lang, zur Spitze hin verjüngt, von weißer Grundfarbe, bei *L. aurantiacum* mit weißlichen bis rotbraunen, bei *L. testaceo-scabrum* mit schwärzlichen Faserschuppen besetzt. **Fl:** fest, im Alter weich, beim Anschneiden mehr oder weniger dunkel anlaufend, bis zum Kochen schwärzend. **V:** *L. aurantiacum* in Laubwäldern und auf Heiden, besonders unter Zitterpappeln, Hainbuchen, Birken und Weiden; *L. testaceo-scabrum* im Nadelwald, häufig und gesellig, von Juni bis Oktober. **N:** wohlschmeckender und ergiebiger Speisepilz. **VM:** kaum zu verwechseln, wenn auf die über den Hutrand hinausragende Oberhaut geachtet wird. Junge Rotkappen gleichen einem stark vergrößerten Streichholz mit rotem Kopf.

Der **Gallen-Röhrling** oder **Bittere Steinpilz (Taf. 46, l.)**, *Tylopilus (= Boletus) felleus* (BULL., ex FR.) KARST., ist ein unangenehmer Doppelgänger des **Steinpilzes.** Schon mancher Pilzfreund hat die Gallenröhrlinge gesammelt und war hinterher »bitter« enttäuscht, denn ein einziges Exemplar reicht aus, um das schönste Steinpilzgericht zu verderben. Junge Gallenröhrlinge und Steinpilze sehen sich allerdings so täuschend ähnlich, daß in Zweifelsfällen nur die Geschmacksprobe entscheiden kann. **H:** 7–12 cm breit, in der Jugend halbkugelig, dann polsterförmig gewölbt oder flach, fahlbraun, grau-, zimt-, oliv- oder dunkelbraun, matt oder glänzend, dickfleischig. **R:** am Stielansatz tief eingebuchtet, im Alter kissenförmig nach unten gewölbt, in der Jugend weiß, sich im Alter rosa-rötlich verfärbend, an Druckstellen schmutzig-fleischrot bis bräunlich; Sporenpulver rosafarbig. **St:** in der Jugend kugelig bis knollig, dann keulenförmig, zuletzt walzlich, 6–14 cm lang, bräunlichgelb bis grünlichgelb, mit deutlichem, grobmaschigem, an der Spitze hellerem, an der Basis dunklerem Adernetz. **Fl:** weiß, beim Durchschneiden sich leicht rosa verfärbend, geruchlos, von stark bitterem Geschmack. **V:** häufig und gesellig in Nadelwäldern, bevorzugt an feuchten Stellen, von Juni bis Oktober. **N:** völlig ungenießbar, aber ungiftig.

VM: Um eine Verwechslung mit dem Steinpilz (s. S. 92) auszuschließen, seien nochmals die Unterschiede zwischen beiden zusammengestellt:
Röhren: Steinpilz: anfangs weißlich, später gelbgrünlich.
Gallenröhrling anfangs weißlich, später rosafarbig.
Stiel: Steinpilz: meist sehr dick, mit weißlichem, wenig auffallendem Adernetz.
Gallenröhrling: schlanker, bräunlich mit deutlichem weitmaschigem, bräunlichem Adernetz.
Geschmack: Steinpilz: mild, nußartig.
Gallenröhrling stark bitter (sicherstes Unterscheidungsmerkmal).

Strubbelkopf (Taf. 46, r.), *Strobilomyces floccopus* (VAHL.) KARST. [= *St. strobilaceus* (SCOP. ex FR.) BERK.] **H:** 8–15 cm breit, dicht mit dachziegelig angeordneten dicken, schwärzlichen bis braunschwarzen Schuppen bedeckt, welche dem Pilz seinen deutschen Namen eingetragen haben. **R:** in der Jugend durch einen grauwolligen Schleier verschlossen, der am Hutrand in Form häutiger Fetzen sichtbar bleibt. Röhren selbst mit weißlichgrauen, weiten Mündungen, die sich bei Druck schwärzen. **St:** gleichmäßig dick, 8–15 cm hoch, mit vergänglichem, grauem, flockigem Ring, faserig rauh gefurcht, anfangs grau, später schwarzbraun bis schwarz. **Fl:** weißgrau, beim Durchschneiden sich rötend und schwärzend, von widerlich erdigem Geruch. **V:** vereinzelt in Laub- und Nadelwäldern, von Juli bis Oktober. **N:** genießbar, doch wenig schmackhaft. Die zähen Stiele sind zu entfernen.

Die **Filzröhrlinge,** *Xerocomus* (= *Boletus*) haben eine samtigfilzige, trockene Hutoberfläche. Die Mündungen der Röhren sind weit; der schlanke Stiel meist gleichmäßig dick oder oben und unten etwas verjüngt.

Maronen-Röhrling, Maronenpilz (Taf. 47, l.), *Xerocomus badius* (FR.) KÜHN (= *Boletus badius* FR.). **H:** 5–12 cm breit, in der Jugend halbkugelig, später flach gewölbt mit häufig aufgebogenem Rand, jung feinsamtig-filzig, später kahl und glänzend, bei feuchtem Wetter klebrig-schmierig, dunkel-kastanien- oder schokoladenbraun. **R:** blaßgelb, später grünlichgelb, mit weiten, eckigen Mündungen, sich bei Druck rasch dunkel- bis blaugrün verfärbend; Sporenpulver olivbraun. **St:** schlank, in der Jugend etwas bauchig, 6–12 cm lang, bräunlich bereift, oft längsfaserig gestreift, an der Spitze meist gelb. **Fl:** anfangs fest, später weich, weißlich, über den Röhren blaßgelb und hier beim Durchschneiden langsam blauend. **V:** einzeln oder gesellig in Nadel-, seltener in Laubwäldern, von Juni bis November. **N:** vorzüglicher und ergiebiger Speisepilz, der sich auch zum Backen und Braten eignet. **VM:** Ähnlich ist der **Gallenröhrling** (s. S. 99), dessen weiße bis rosafarbige Röhrenmündungen sich bei Druck nicht verändern. – Der **Steinpilz** (s. S. 92) hat anfangs weiße, später gelbliche, bei Druck unveränderliche Röhren und einen dickeren Stiel. – Die **Ziegenlippe** (unten) besitzt einen dünnen, schlanken Stiel und goldgelbe, sehr weite, bei Druck meist unveränderliche Röhrenmündungen.

Rotfuß-Röhrling (Taf. 47, r.), *Xerocomus* (= *Boletus*) *chrysenteron* (BULL. ex FR.) QUÉL. **H:** 3–8 cm breit, braungrau bis olivgelb, mit feldrig-rissig aufspringender Oberhaut, an Riß- und Fraßstellen rötlich. **R:** mit weiten, eckigen, grünlichgelben bis zitronengelben Mündungen, die sich bei Druck grünblau verfärben. **St:** schlank, in der Jugend an der Basis keulig, im Alter walzlich, 4–8 cm lang, von gelber Grundfarbe, meist ganz oder teilweise leuchtend-rotfilzig punktiert. **Fl:** gelblich bis blaßgelblich, unter der Oberhaut rot, sich beim Durchschneiden leicht bläuend. **V:** in Laub- und Nadelwäldern, gesellig und häufig, von Juni bis Oktober. **N:** wohlschmeckender Speisepilz. **VM:** Ähnlich ist die **Ziegenlippe,** besonders wenn sie einen feldrig aufgerissenen Hut hat, doch ist das Fleisch weniger stark bläuend; auch bleiben die Röhren bei Druck meist unverändert. Eine Verwechslung beider Arten kann jedoch keinen Schaden anrichten, da es sich bei beiden um wohlschmeckende Speisepilze handelt.

Ziegenlippe, Filziger Röhrling (Taf. 48, l.), *Xerocomus* (= *Boletus*) *subtomentosus* (L. ex FR.) QUÉL. H: in der Jugend halbkugelig gewölbt, später sich verflachend, 4–10 cm breit, zart samtfilzig (sich wie die Unterlippe einer Ziege anfühlend), in der Farbe recht veränderlich: matt-ockerbraun, graugelb, braungelb, rotbraun, lederfarben, oft auch purpurn überlaufen, im Alter rissig-feldrig aufspringend; das durch die Risse durchscheinende Feld meist gelblich, selten rötlich. **R:** mit weiten, eckigen, zitronen- bis goldgelben, im Alter schmutziggrünlichgelben, bei Druck meist unveränderlichen Mündungen **St:** schlank, gleichmäßig dick, oft gekrümmt, 6–11 cm lang, gelblich bis bräunlich oder rotbräunlich, feinfilzig (nur mit der Lupe zu erkennen) oder längsstreifig bis verzweigt geadert. **Fl:** blaßgelblich, im Schnitt sich meist nicht verfärbend. **V:** in Laub- und Nadelwäldern, auf Heiden, an Straßengräben, recht häufig von Juni bis November. **N:** schmackhafter Speisepilz. Auf die **VM** mit der Ziegenlippe wurde bereits hingewiesen (s. S. 101).

Ähnlich ist auch der **Schwarzblauende Röhrling,** *Boletus pulverulentus* OPAT. der gleichfalls einen filzigen, rötlich- bis dunkelbraunen Hut besitzt. Die leuchtend gelben Röhren und das Fleisch verfärben sich bei Druck und Verletzung sofort dunkelblau. Dieser eßbare Pilz ist selten in Mischwäldern, an Wegen und Grabenrändern.

Schmarotzer-Röhrling (Taf. 48, r.), *Xerocomus* (= *Boletus*) *parasiticus* (BULL. ex FR.) QUÉL. Unter den einheimischen Röhrlingen nimmt dieser Pilz hinsichtlich seiner Lebensweise eine Sonderstellung ein. Er parasitiert auf **Kartoffelbovisten** (s. S. 113), mitunter können bis zu 10 Röhrlinge aus der Basis des Wirtspilzes hervorbrechen. Wie der Befall durch den Parasiten erfolgt, ist noch unbekannt. Dort, wo der Schmarotzerröhrling auftritt, stellt er sich alljährlich ein. **H:** halbkugelig, 2–7 cm breit, feinfilzig bis glatt, bräunlichgelb. **R:** mit weiteckigen Mündungen. **St:** schank, dünn, gekrümmt, an der Basis verjüngt, schmutzig-gelblich. **V:** parasitisch nur auf Kartoffelbovisten (*Scleroderma*). N: Ungenießbar.

Löcherpilze *(Poriales)*[1]

Die **Porlinge** oder **Löcherpilze** (*Scutigeraceae* u. a. *Poriales)* unterscheiden sich von den **Röhrenpilzen** (*Boletaceae*) darin, daß die Fruchtschicht sich nicht

[1] Bestimmungstabelle s. S. 138.

oder nur schwer vom fleischigen oder verkorkenden Fruchtkörper ablösen läßt. Ursprünglich wurden alle Porlinge in der Gattung *Polyporus* zusammengefaßt; heute wird diese in eine Reihe von Gattungen aufgespalten, über deren Abgrenzung durchaus noch keine Einheitlichkeit herrscht. Zur Gattung *Scutiger* gehören alle weich- und dickfleischigen, erdbewohnenden Arten; in der Gattung *Polypilus* werden die vielhütigen Arten vereinigt, bei denen zahlreiche Hüte einem gemeinsamen Stiel oder Strunk entspringen; zur Gattung *Laetiporus* zählen weichfleischig-holzbewohnende Arten.

Semmel-Porling (Taf. 49, l.), *Scutiger* (= *Polyporus*) *confluens* (ALB. et SCHW. ex FR.) BOND. et SING. ist ein eigentümlicher Pilz, dessen unregelmäßig verbogene und miteinander verwachsene Hüte (bis zu 12) einem kurzen, verzweigten Stiele entspringen. Es entsteht auf diese Weise eine unregelmäßig gestaltete ›Pilzmasse‹, die sich durch nachwachsende Hüte stetig vergrößert, so daß der ›Pilz-Rasen‹ schließlich einen Durchmesser von 30–40 cm erreicht. Die einzelnen Hüte sind halbiert und stehen häufig dachziegelartig übereinander. **H:** anfangs semmelgelb und glatt, im Alter rotbräunlich und rissig. **R:** nur 1–3 mm lang, mit sehr engen, anfangs weißlichen, später gelblichen bis rötlichen Mündungen, nur schwer vom Hutfleisch lösbar. **St:** dickfleischig, tief im Boden steckend, sich verzweigend. **Fl:** weiß, saftig, von glattem Bruch und leicht bitterem Geschmack. **V:** in sandigen Nadelwäldern, zwischen Moos; in Gebirgsgegenden stellenweise recht häufig. **N:** im jungen Zustand beliebter und ergiebiger Speisepilz, der fast nie von Maden befallen wird. **VM:** Ähnlich ist der **Semmel-Stoppelpilz** (*Hydnum repandum*), der auf der Hutunterseite aber keine Röhren, sondern Stacheln trägt (s. S. 106).

Ziegenfuß (Taf. 49, r.), *Scutiger* (= *Polyporus*) *pes caprae* (PERS.) BOND et SING. wächst wie der **Semmelpilz** in dichten Haufen, wobei oft mehrere Pilze miteinander verwachsen sind. **Einzelhüte:** rundlich oder halbiert, 7–14 cm breit, mit anfangs brauner, später schwarzbrauner, rissig gefelderter Oberhaut. **R:** blaßgelblich, am Stiel herablaufend, radial angeordnet, mit auffallend weiten, eckigen Mündungen. **St:** kurz, dick, sich basalwärts verjüngend, schmutziggelb. **Fl:** weiß, brüchig; Geruch angenehm, nußartiger Geschmack. **V:** vor allem in Gebirgsnadelwäldern, August/Oktober. **N:** guter Speisepilz.

Schaf-Porling oder **Schafeuter (Taf. 50, l.),** *Scutiger* (= *Poly-*

porus) *ovinus* (SCHFF. ex FR.) MURR. Bildet gleich den beiden vorigen immer Gruppen, wobei die einzelnen Hüte sich teilweise überdecken und eine unregelmäßige Form annehmen. Wächst der Pilz hingegen einzeln, so ist er deutlich in einen mittelständigen Stiel und Hut differenziert. **H:** 5–12 cm breit, anfangs gewölbt, im Alter am Rande wellig und buchtig gelappt, glatt und trocken, nicht selten fein-haarfaserig; Oberhaut weißlichblaß bis gelbbräunlich, im Alter oft schuppig und rissig gefeldert. **R:** kurz, 1–3 mm lang, am Stiel herablaufend, mit sehr feinen, kaum sichtbaren Mündungen, die sich bei Druck und im Alter gelblich verfärben. **St:** kurz und dick, derb, glatt, ziemlich brüchig, von der Farbe des Hutes. **Fl:** weiß, leicht brüchig; Bruchstellen etwas zackig und sich gelblich verfärbend; Geruch und Geschmack angenehm nußartig. **V:** häufig und truppweise in Nadel- und Mischwäldern, von Juli bis Oktober; in gebirgigen Gegenden und in Ostdeutschland selten. **N:** guter, aber etwas zäher und deshalb schwer verdaulicher, im Alter bitterer Speisepilz. Man verwende daher nur junge Pilze, die am besten feingehackt zur Bereitung von Pilzfrikadellen Verwendung finden.

Der **Eichhase** oder **Ästige Porling (Taf. 50, r.)**, *Polypilus* (= *Polyporus*) *umbellatus* (PERS. ex FR.) BONEL. et SINGER [= *Polyporus ramosissimus* SCHROET.], ist eine seltsame Pilzschönheit der heimischen Vegetation. Einem großen, schwarzen, knolligen, unterirdisch lebenden Dauermycel entspringt ein reichverzweigter, bis 30 cm hoher, sich reich verzweigender ›Stamm‹, dessen einzelne ›Seitenäste‹ an ihrem Ende zahlreiche gestielte Hütchen tragen. Es entsteht so ein ganzer ›Strauß‹ von Pilzen, der von der Ferne an einen hokkenden Hasen erinnert. *Einzelhüte:* 1–5 cm im Durchm., sehr dünnfleischig, in der Mitte oft vertieft und genabelt. Oberhaut graubraun, graugelblich oder weißlich, faserig gestrichelt oder feinschuppig. **R:** sehr kurz, am Stiel herablaufend, mit engen, runden, weißlichen Mündungen. **Fl:** weiß, brüchig, von angenehmem Geruch und nußartigem, im Alter aber herb zusammenziehendem Geschmack. **V:** vereinzelt am Grunde alter Laubholzstümpfe, Eichen oder Buchen, sowie auf humusreichem Waldboden, von Juli bis Oktober. **N:** jung schmackhafter Speisepilz, der sich gut trocknen läßt.

Ähnlich, aber noch größer ist der **Laub-Porling** oder **Klapperschwamm,** *Polypilus* (=*Polyporus*) *frondosus* (DICKS. ex FR.) KARST., bei dem gleichfalls 50–100 Hüte einem reich verästelten, fleischigen ›Stamm‹ entspringen, und der einem bis 60 cm hohen, belaubten Bäumchen gleicht. Er erreicht ein Gewicht bis zu 15 kg. Der Name »Klapperschwamm« rührt daher, daß die Hütchen beim Schütteln des Pilzrasens klappern; der Name Laub-Porling bezieht sich auf die graubraune Färbung der einzelnen Hütchen, die welkem Laub nicht unähnlich sind. Die einzelnen Hüte sind blattartig oder fächerförmig, wellig, lappig, körnig-fleckig, strahlig gefasert und rissig. Stiel seitlich angeheftet. – Der Klapperschwamm wächst vereinzelt am Grunde alter Eichen und ist in jungem Zustand eßbar.

Der **Schwefel-** oder **Eierporling (Taf. 51, l.),** *Laetiporus* (= *Polyporus*) *sulphureus* (BULL. ex FR.) MURR., ein gefährlicher Baumparasit (s. unten), ist ein prachtvoll geformter und gefärbter Pilz, dessen Fruchtkörper weithin ins Auge fallen. Einer formlosen Knolle entspringen die stiellosen oder kurz gestielten Fruchtkörper, die oft miteinander verwachsen und in mannigfacher Gestalt erscheinen. **H:** anfänglich knollig-unregelmäßig, fächer-, halbkreis- oder polster-, später keulen- oder zungenförmig, oft zu mehreren dachziegelig übereinander, waagerecht oder schräg aufrecht vom Stamm abstehend. Ein ganzer Pilzrasen kann bis zu 0,5 m Breite und viele Kilogramm Gewicht erreichen. Die jungen Hüte sind safran- bis ziegelrot und verfärben sich im Alter nach schwefelgelb und blassen schließlich aus. **R:** sehr kurz, 2–4 mm lang, lebhaft schwefelgelb, in der Jugend gelbliche Wassertröpfchen ausscheidend, im Alter trocken und rissig werdend. **Fl:** gelblich, dick, in der Jugend zart und weich, reichlich gelben Milchsaft führend, im Alter zäh, brüchig und trocken, von eigenartigem Geruch und säuerlichem, im Alter bitteren Geschmack. **N:** jung wohlschmeckend, besonders kotelettartig gebraten, auch zum Einmachen in Essig geeignet. **V:** von Mai bis Oktober, nicht selten an lebenden Laubbäumen, vor allem Pappeln, Weiden, Robinien, Eichen, Nuß- und Obstbäumen.

Das Mycel durchdringt den Holzkörper und bewirkt die »Rot«- oder »Stock«-fäule; das befallene Holz wird fleischrot, später rotbraun, trocken und mürbe. Dadurch wird der erkrankte Baum hohl und stirbt nach 10–15 Jahren ab. – Das Mycel bringt alljährlich neue Fruchtkörper hervor, die im Winter zugrunde gehen. Man kann deshalb jahrelang immer vom gleichen Baum ernten.

Reischlinge (*Fistulinaceae*)

Die **Reischlinge** (*Fistulinaceae*), die bei uns mit der einzigen, nachstehend aufgeführten Art vertreten sind, unterscheiden sich von den **Porlingen** durch die freistehenden, unverbundenen Röhren.

Die **Ochsenzunge** oder der **Leberpilz (Taf. 51, r.)**, *Fistulina hepatica* SCHAEFF., ist ein recht merkwürdiger Pilz, dessen Fruchtkörper nach Form und der schwammig-weichen Beschaffffenheit des Fleisches sowie des beim Durchschneiden austretenden roten Saftes an eine Ochsenzunge oder an die Leber eines größeren Säugetieres erinnern. **Frk:** zungenförmig, dickfleischig, am Ansatz stielförmig zusammengezogen, in der Jugend orangefarbig, später blutrot bis leuchtend rotbraun, eine Länge bis zu 30 (–90) cm und ein Gewicht bis zu 8 (–10) kg erreichend. Die Oberhaut ist bei feuchtem Wetter dickschleimig, bei Trockenheit etwas klebrig und körnig-rauh (wie eine Ochsenzunge). **R:** 0,5–1 cm lang, fast frei, mit anfangs weißlichen oder gelblichen, später rotbraunen Mündungen, die zuweilen rote, säuerlich schmeckende Tropfen absondern. **Fl:** zart, anfangs stark wässerig, von roten Längsfasern durchzogen, reichlich roten Saft enthaltend, der beim Anschneiden hervorquillt, von angenehmem, obstartigem Geruch und säuerlichem Geschmack. **V:** einzeln an Stümpfen, resp. gefällten, seltener an lebenden Eichen oder anderen Laubbäumen. **N:** jüngere Leberpilze sind wohlschmeckend und ergiebig; sie werden in Scheiben geschnitten, gewässert (um den Gerbsäuregeschmack zu entfernen) und dann wie Fleisch gebraten. Auch für Salate oder zum Einlegen in Essig geeignet.

Stachelpilze (*Hydnaceae*)

Die **Stachelpilze**, *Hydnaceae*, sind dadurch gekennzeichnet, daß sich auf der Hutunterseite Stacheln, Warzen oder zahnartige Vorsprünge finden, welche von der sporenerzeugenden Schicht, dem Hymenium überzogen sind (Fig. 14). Die Stachelpilze sind in der heimischen Vegetation mit 30–40 Arten vertreten, von denen nur wenige für Speisezwecke in Betracht kommen. Zu diesen gehören die beiden folgenden:

Semmel-Stoppelpilz (Taf. 52, l.), *Hydnum repandum* L. (= *Sarcodon repandus* L. ex FR.) **H:** 6–12 cm breit, unregelmäßig wellig verbogen, flach gewölbt, mit trockner, oft feldrig zerrissener, weißlichgelber, semmelfarbiger oder auch blaßrötlicher Oberhaut: **Stacheln:** dichtstehend, pfriemenförmig, ungleich lang, am Stiele herablaufend, blaßgelblich bis blaßrötlich, sehr zerbrechlich. **St:** kurz und gedrungen, bis 6 cm lang, oft exzentrisch dem Hut angeheftet, in der Farbe etwas heller als der Hut. **Fl:** fest und brüchig, weißlich bis semmelgelb, etwas rostig anlaufend, von angenehmem Geruch und mildem, bei alten Exemplaren etwas bitterem Geschmack. **V:** trupp- und herdenweise – auch in Ringen – in Nadel- und Laubwäldern, von Juli bis November. **N:** jung ein wohlschmeckender, beliebter Speisepilz, der selten madig ist.

VM: Ähnlich ist der **Rotgelbe Stoppelpilz,** *H. rufescens* PERS., nur etwas kleiner und dünnfleischiger und von rötlichgelber bis orangerötlicher Farbe. Er kommt in manchen Gegenden, vor allem in Nadelwäldern, recht häufig vor und sieht einem Pfifferling zum Verwechseln ähnlich. Der Rotgelbe St. ist dem Semmelstoppelpilz gleichwertig. – Ähnlich ist auch der **Semmelporling,** *Scutiger confluens* (s. S. 103), der auf der Hutunterseite aber Poren trägt.

Habichts-Stachelpilz, Rehpilz (Taf. 52, r.), *Sarcodon imbricatus* (L. ex FR.) QUEL. (= *Hydnum imbricatum* L.). **H:** 6 bis 20 cm breit, fleischig, in der Jugend halbkugelig, mit eingerolltem Rand, im Alter flach ausgebreitet oder vertieft, oft mit wellig verbogenem Rand; Hutoberhaut trocken, dicht mit kreisförmig angeordneten, dunkel- bis schwarzbraunen, im Alter sich schwärzenden, fest angewachsenen an das Gefieder eines Habichts erinnernden Schuppen. **Stacheln:** dichtstehend, 5 bis 12 mm lang, pfriemlich, weich, anfangs weißgrau, später rehbraun, einem Rehfell nicht unähnlich. **St:** kurz, 3–6 (–8) cm lang, derb, weißgrau, glatt, an der Basis weißfilzig. **Fl:** fest, weißlichgrau, von würzigem Geruch und angenehmem Geschmack. **V:** häufig und gesellig in trockenen Nadelwäldern, von August bis September. **N:** jung ein ergiebiger und guter Speisepilz von kräftigem Geschmack, der sich auch zur Herstellung von Pilzpulver und Pilzwürze eignet.

VM: Ähnlich ist der kleinere **Gallen-Stacheling,** *Sarcodon scabrosus* FR., dessen Hut nur einen Dm. von 5–12 cm erreicht und dessen Stielbasis von dunkelbrauner Farbe ist. Das weißgraue Fleisch läuft im Bruch violettgrün an und ist sehr bitter, deshalb ungenießbar. Kommt nur in den Nadelwäldern Mitteldeutschlands vor.

Leistenpilze (*Cantharellaceae* und *Gomphaceae*)[1]

Die **Leistenpilze** sind dadurch charakterisiert, daß der Stiel allmählich in den Hut übergeht und dieser gewissermaßen nur dessen Erweiterung bildet. Auf der Unterseite des zuweilen trompetenförmigen Hutes finden sich niedrige, dicke, an Lamellen erinnernde Leisten oder Längsrunzeln, welche von der sporenerzeugenden Schicht überzogen sind. Zu den bekanntesten und geschätztesten Speisepilzen gehört der

Echte Pfifferling, Eierschwamm (Taf. 53, l.), *Cantharellus cibarius* FR. **H:** anfangs gewölbt, mit eingerolltem Rande, später ausgebreitet, abgeflacht, trichter- oder kreiselförmig mit wellig verbogenem Rande; Oberhaut kahl, nicht abziehbar, wie der ganze Pilz von hell- bis dottergelber Farbe, im Alter oft weißlich ausblassend. **Leisten:** ziemlich entfernt stehend, niedrig, dicklich, gegabelt und netzig miteinander verbunden, weit am Stiel herablaufend, dottergelb. **Fl:** weißlich, am Rande weißlichgelb, von aprikosenähnlichem Geruch und etwas pfefferartigem Geschmack (Name!). **V:** in Laub- und Nadelwäldern, häufig zwischen Moos, von Juni bis Oktober. **N:** wertvoller und vielseitig zu verwendender Speisepilz, der fast nie madig ist und auch von Schnecken verschont wird. Wie kaum einem anderen Pilz wird dem Pfifferling nachgestellt, so daß in vielen Gegenden bereits die Gefahr der Ausrottung besteht. Da die ganz jungen Pilze die beliebtesten sind, besteht kaum die Möglichkeit einer Vermehrung durch Sporen. Der Pfifferling gehört zu den schwerverdaulichen Pilzen; er muß deshalb vor der Zubereitung stark zerkleinert werden. Merkwürdigerweise vertragen ihn manche Menschen überhaupt nicht.

VM: Ähnlich ist der gleichfalls eßbare **Samt-Pf.**, *C. friesii* QUÉL., der im Laubwald auf Kalkboden (Süddeutschland) wächst. Er besitzt einen feinfilzigen orange- bis zinnoberroten, 2–3 cm breiten, dünnfleischigen Hut und ist deshalb leicht mit dem **Falschen-Pf.**, *Hygrophoropsis aurantiaca* (s. S. 54) zu verwechseln, der auch ein Doppelgänger des Echten-Pf. ist, von dem er sich aber durch die lebhaft orange-rote Färbung, das viel dünnere Fleisch und den fehlenden Obstgeruch unterscheidet.

Trompeten-Pfifferling (Taf. 53, r.), *Cantharellus infundibuliformis* FR. **H:** 2–5 cm breit, dünnfleischig, tief trichterförmig, häufig einseitig aufgeschlitzt, im Alter mit stark wellig verboge-

---

[1] Bestimmungstabelle s. S. 129.

nem Rand; Oberhaut runzelig, schuppig, braungelb bis graubraun. **Leisten:** niedrig, dick, gegabelt, am Stiel herablaufend, blaßgelblich bis grau bereift. **St:** 5–10 cm hoch, allmählich in den Hut übergehend, im oberen Teil meist hohl, zuweilen breitgedrückt, von gelber bis braungelber Farbe. **Fl:** von kräftigem, aromatischem, zuweilen etwas bitterem Geschmack. **V:** gesellig in dunkelsten Nadel- (Fichten-) und Laubwäldern, von September bis November. **N:** guter Speise- und Würzpilz, auch zum Trocknen geeignet.

VM: Ähnlich ist der **Goldstielige** oder **Duftende P.**, *Cantharellus lutescens* PERS., der vor allem im Süden Dtschld.s und in Nadelwäldern der montanen Region an feuchten Stellen auftritt. Der 3–8 cm breite, dünne, trichterförmig vertiefte, am Rande wellig verbogene Hut ist von braungrauer Farbe, seine orange-rosa gefärbte Unterseite ist in der Jugend fast glatt und erst im Alter von niedrigen, gegabelten Runzeln oder Adern bedeckt; der bis 10 cm hohe, oft flachgedrückte Stiel ist im oberen Teil hohl und von orangegoldgelber Farbe. Der ganze Pilz zeichnet sich durch einen angenehmen, erdbeerähnlichen Duft aus und ist ein geschätzter Speisepilz.

Keulen-Pfifferling, Schweinsohr (Taf. 54, l.), *Gomphus clavatus* (PERS. ex FR.) S. F. GRAY (= *Neuropyllum*). Der mittelgroße Fruchtkörper ist abgestutzt keulig, unregelmäßig kreiselförmig, bisweilen auch einseitig ohrenförmig entwickelt und dann kurz gestielt, bis 9 cm hoch und 6 cm breit; Oberseite anfangs purpurviolett, später gelb-grünlich. Die sporenerzeugende Unterseite ist mit netzig verbundenen, niedrigen, gabelig verzweigten, rötlich-violetten oder graubraunen Adern bzw. niedrigen Leisten bedeckt. Das Fleisch ist weich, weiß, von angenehmem Geruch und mildem Geschmack. **V:** meist büschelig, reihen- oder kreisförmig wachsend in Nadel- oder Mischwäldern, von August bis Oktober, nur in Mittel- und Süddeutschland häufiger. **N:** wohlschmeckender und haltbarer Speisepilz.

Herbst-, Totentrompete, Schwarzes Füllhorn (Taf. 54, r.), *Craterellus cornucopioides* L. Dieser seltsam geformte Pilz ist einem Füllhorn oder einer wellig-randigen Trompete nicht unähnlich und läßt keine scharfe Gliederung in Stiel und Hut erkennen. Der trichterförmige Fruchtkörper wird 4–12 cm hoch und ist bis zum Grunde hohl; seine obere Öffnung beträgt 3–7 cm. Die Ober-, d. h. die Innenseite des Trichters ist feinschuppig, braunschwarz bis schwarz; die von dem sporenbildenden Gewebe überzogene Außenschicht aschgrau oder graubräunlich mit violettem Schimmer, anfangs glatt, später schwach runzelig und durch die Sporen weiß bereift. **Fl:** dünn, ziemlich zäh, von schwach pflaumenähnlichem Geruch und mildem, fadem Geschmack. **V:** truppweise, häufig in Ringen in Laubwäldern (seltener in Mischwäldern), in feuchten Gebüschen und Schluchten. **N:** wohlschmeckender Speisepilz, vor allem zum Würzen, zur Herstellung von Pilzpulver und Würze, auch zum Einlegen in Essig geeignet; nur junge und gesunde Pilze verwenden! Eine Verwechslung mit anderen Pilzen ist kaum möglich.

Korallen- u. Keulenpilze *(Gomphaceae, Clavariaceae* und *Sparassidaceae)*

Die **Korallen-** und **Keulenpilze** umfassen eine Reihe eigenartig gestalteter Pilze, die meist das Aussehen kleiner verzweigter Sträucher, zierlicher Korallen, bzw. eines Badeschwammes oder Blumenkohls (Krause Glucke, s. Taf. 55, l.) haben; andere gleichen kleinen, aus dem Boden ragenden Keulen. Das sporenbildende Gewebe (Hymenium) bekleidet die Außenseite der Äste und Zweige der verzweigten Formen bzw. die ganze Oberfläche der keuligen Arten. Da viele von ihnen ein weiches Fleisch besitzen, liefern die Clavariaceen eine Reihe mehr oder weniger schmackhafter Speisepilze. Eine der vorzüglichsten ist die

Krause Glucke (Taf. 55, l.), *Sparassis crispa* WULF., ein Pilz von seltsamer Gestalt und beachtlicher Größe. Von einem kurzen, 3–6 cm langen und ebenso dicken, in der Erde steckenden, auch als ›Strunk‹ bezeichneten Stamm entspringen zahlreiche, 1–5 cm breite, flache Äste, die vielfach gewunden und wirr miteinander verschlungen sind und sich selbst wieder reich verzweigen. Ihre blattartigen, das sporenbildene Gewebe tragenden Enden sind wellig kraus, buchtig, gezähnt oder gelappt und von blaßgelblicher, im Alter bräunlicher Farbe. Der gesamte, bis 30 cm hohe und bis 40 cm breite Fruchtkörper gleicht einem Badeschwamm bzw. einem lockeren Blumenkohl. **Fl:** von angenehm aromatischem Geruch und nußartigem, im Alter bitterem Geschmack. **V:** zerstreut und vereinzelt, vom Juni bis Oktober in Kiefernwäldern, gewöhnlich am Fuße alter Kiefern. Der Pilz tritt alljährlich am gleichen Baum auf, und man hat schon beobachtet, daß sich aus dem abgeschnittenen Strunk noch im gleichen Jahr ein zweiter oder dritter Fruchtkörper entwickelt. **N:** jung ein vorzüglicher Speisepilz; alte Exemplare sind bitter und unbekömmlich. Vor der Zubereitung ist der Pilz gut zu waschen, da sich zwischen den Ästen meist Sand ansammelt. Schnecken, Insekten und Wild stellen dem Pilz ebenso eifrig nach wie der Mensch; er eignet sich nicht nur zum Braten und Schmoren, sondern nach kurzem Kochen auch für Salat und zur Herstellung von Pilzwürze und Pilzmehl.

Seltener als die vorige ist die strohgelbe **Eichen-Glucke**,, *Sparassis laminosa* FR., die am Grunde von Laubbäumen, meist von Eichen wächst. Die blattartigen Endauszweigungen sind glatt, gerade und ganzrandig und von strohgelber Farbe. Der Fruchtkörper erreicht die Größe der vorigen und ist ebenso wohlschmeckend.

Die Vertreter der Gattung *Ramaria* (= *Clavaria p. p.*) sind entweder reichverzweigt (= **Ziegenbärte** oder **Korallenpilze**) oder unverzweigt keulenförmig (= Keulenpilze); die letzteren, mit rund 15 Arten aus Deutschland bekannt, sind eßbar; unter den Ziegenbärten gibt es einige ungenießbare bzw. giftige Arten. Hinsichtlich ihrer Verwendbarkeit gibt Jahn folgende Faustregeln:

1. Weiße Korallen, besonders jene mit roten und zerschlitzten Zweigspitzen sind eßbar.
2. Von den gelben Korallen sind nur die gleichmäßig gelb gefärbten eßbar; ungenießbar hingegen jene mit andersfarbigen Zweigenden.
3. Alle schmutzfarbigen, gelbbraunen, violetten, bräunlichen, sowie alle bitter schmeckenden und alle alten Korallen sind zu meiden!

Goldgelbe Koralle (Taf. 55, r.), *Ramaria* (= *Clavaria*) *aurea* (SCHFF. ex FR.) QUÉL. Der goldgelbe, jung orangefarbige Fruchtkörper ist im ganzen rundlich und blumenkohlähnlich, 6–12 cm hoch und breit. Von einem 3–6 cm langen, dicken Stamm zweigen zahlreiche Äste ab, die sich ihrerseits wieder reich verzweigen und in stumpfen, 3–4geteilten, goldgelben, dichtgedrängt stehenden Spitzen enden. Das etwas wäßrige Fleisch der Äste und Spitzen ist weich, elastisch, aber doch leicht zerbrechlich, von angenehm säuerlichem Geruch und mildem, im Alter bitterem Geschmack. **V:** häufig in Nadel-, selten in Laub- (Buchen-)wäldern, vom Sommer bis zum Herbst. **N:** jung wohlschmeckend; alte weichfleischige Exemplare sind gesundheitsschädlich und bewirken Durchfall.

Ähnlich ist die gleichfalls eßbare **Zitronengelbe Koralle**, *Ramaria* (= *Clavaria*) *flava* SCHFF. ex FR. Sie unterscheidet sich von der vorigen durch die geringere Größe (5–12 cm), den blaßgelblichen, meist etwas weinrötlich angelaufenen Stamm und die zitronengelben, bei Druck sich allmählich rötenden Zweigspitzen. Sie wächst in Buchen-, aber auch in Nadelwäldern, vom Sommer bis zum Herbst.

Die **Schöne Koralle**, *Ramaria* (= *Clavaria*) *formosa* (PERS. ex FR. QUÉL. ist im jungen Zustand blaß-fleischrot, nimmt dann an der Basis eine hellgelbliche Färbung an, während die Äste rötlich bis orangerot und die Spitzen zitronengelb gefärbt sind. Dieser prächtige Pilz wächst zerstreut in Laub- und Nadelwäldern und gilt als schwach **giftig.** Sein Genuß verursacht heftigen Durchfall.

Ebenfalls ungenießbar ist die **Blasse** oder **Bauchwehkoralle (Taf. 56, l.)**, *Ramaria* (= *Clavaria*) *pallida* SCHFF. ex. FR. Der 7–10 cm hohe Fruchtkörper besitzt einen ziemlich dicken und kurzen Strunk von blaßgelblichgrauer bis weißlicher Farbe. Von diesem zweigen zahlreiche fahlgelbliche bis schmutzig braungelbliche Äste ab, deren Spitzen lilaviolett gefärbt sind. Das weiße, trockene Fleisch ist von seifenartigem Geruch und schwach bitterem Geschmack. **V:** meist in Buchenwäldern auf Kalkböden, von August bis Anfang Oktober. **N:** Der Genuß bedingt heftige Darmkoliken, Erbrechen und Durchfall. Wenngleich der Pilz früher als genießbar galt, so meide man ihn! Grundsätzlich verwende man niemals graugelbe oder bräunliche bis violettbräunliche Korallen!

Das gilt auch für die ungenießbare **Grünliche Koralle,** *Ramaria* (= *Clavaria*) *ochraceo-virens* (JUNGH.) DONK. Äste ockergelblich bis lederfarben, im Alter sich grünlich verfärbend; Fleisch zäh. In Fichtenwäldern, von Juni bis Oktober.

Der **Hahnenkamm** oder die **Rötliche Koralle (Taf. 56, r.)**, *Ramaria* (=*Clavaria*) *botrytis* PERS. ex FR. ist ein auffälliger, bis 15 cm hoher, in Form und Farbe recht veränderlicher Pilz. Die jungen Fruchtkörper sind einem kleinen Blumenkohl nicht unähnlich; die älteren gleichen mit ihren roten Zweigspitzen einem Hahnenkamm. Der weißliche, bis 5 cm dicke Stamm löst sich in zahlreiche schmutzig-gelbweiße Äste auf, deren Spitzen rosa bis fleischrot gefärbt sind, im Alter jedoch ausblassen. Das brüchige, weiße Fleisch ist von schwachem Geruch und mildem, im Alter etwas bitterem Geschmack. **V:** vor allem in Buchen-, seltener in Nadelwäldern, von Juli bis Oktober. **N:** jung wohlschmeckend; alte, durchwässerte Exemplare sind bitter und verursachen Verdauungsstörungen.

Kamm-Koralle (Taf. 57, l.), *Clavulina* (= *Clavaria*) *cristata* HOLMSK. Der 3–6 cm weiße, später gräuliche oder gelbliche Fruchtkörper besitzt einen sehr kurzen, bereits vom Grunde an verzweigten Stamm; seine abstehend-aufstrebenden Äste laufen in verbreiterte und kammartig eingeschnittene Spitzen aus. Das etwas zähe Fleisch ist von angenehmem Geruch und Geschmack, im Nachgeschmack oft etwas bitter und scharf. **V:** nicht selten in Laub- und Nadelwäldern, von August bis Oktober. **N:** eßbar und wohlschmeckend.

Herkules-Keule (Taf. 57, m.), *Clavariadelphus* (= *Clavaria*) *pistillaris* (L. ex FR.) DONK. Der Fruchtkörper hat die Form einer senkrecht im Boden stehenden, an der Spitze stumpfen und verdickten, 8–18 cm langen Keule. Die sporentragende Oberschicht ist runzelig, ockergelblich bis rotbräunlich, das Fleisch weiß. **V:** zerstreut, aber gesellig im Laub- (Buchen-)wald, Juli/November. **N:** eßbar.

Ähnlich ist die in Nadelwäldern auftretende **Zungenkeule (Taf. 57, r.),** *Clavariadelphus* (= *Clavaria*) *ligula* SCHFF. ex Fr. Sie ist viel kleiner, nur 6–10 cm hoch, von blaßgelblicher bis ledergelber Farbe. **V:** gesellig zwischen Moos in Nadelwäldern. **N:** eßbar, aber wenig schmackhaft.

Bauchpilze *(Gasteromycetidae)*

Bei diesen findet sich das sporenbildende Gewebe im Innern des zumindest in der Jugend rundlichen Fruchtkörpers, der von einer doppelten Hülle, der äußeren und inneren Peridie umgeben ist; bei der Reife löst sich häufig die äußere ab.

Die **Hartboviste,** *Sclerodermataceae,* mit der Gattung *Scleroderma,* sind rundlich-knollenförmige Pilze, die im jungen Zustand hart und fest sind. Die Sporen beginnen sich schon früh schwarz zu färben und werden durch unregelmäßiges Aufreißen der Peridie entlassen.

Kartoffelbovist (Taf. 58, l.), *Scleroderma aurantium* L. ex PERS. **Fruchtkörper:** knollenförmig, 4–8 cm im Durchm., kartoffelähnlich, meist etwas flachgedrückt, fast stiellos, am Grunde mit wurzelartigen, weißen Mycelfasern, fest und hart; Außenhaut ca. 2 mm dick, leder- bis korkartig, glatt, graugelblich, braungelb oder rotbräunlich, häufig feldrig-warzig aufgesprungen, die Warzen oft dunkler. Sporenmasse in der Jugend weiß, beim Durchschneiden rötlich anlaufend, sich bald über schiefergrau nach violett-schwarz verfärbend und durch sterile Hyphenstränge weiß marmoriert. Geruch unangenehm stechend, rettichähnlich. Geschmack scharf. **V:** gesellig und häufig in Laub- und Nadelwäldern, auf Heiden und an Waldwegen, von Juli bis Oktober. **V:** in rohem Zustand **giftig;** auch gekocht bewirkt der Kartoffelbovist in größeren Mengen genossen Magen- und Darmstörungen. Nur in kleinsten Portionen als Würzpilz zu verwenden. Häufig ist der Kartoffelbovist schon zur Verfälschung der Echten Trüffel mißbraucht worden, was auf Grund des oben Gesagten nicht ganz ungefährlich ist.

Die **Weichboviste** *Lycoperdaceae,* sind in der Jugend weich, schwammig und eßbar. Zu diesen gehören die **Stäublinge,** *Lycoperdon.* Sie besitzen kugelige Fruchtkörper mit einem sterilen, häufig stielartig ausgebildeten Basalteil. Bei der Reife bleibt nur die innere Haut (Peridie) erhalten, die sich an der Spitze durch ein Loch öffnet, durch das die Sporen ausgestreut werden. Eine der häufigsten ist der

Flaschen-Stäubling, Flaschen-Bovist (Taf. 58 r.), *Lycoperdon perlatum* PERS. (= gemmatum BATSCH). **Fruchtkörper:** verkehrt flaschen- oder birnenförmig, 6–12 cm hoch, 3–7 cm dick; der kugelige, die Sporenmasse enthaltende Kopfteil geht in einen walzlichen, an der Basis gefalteten »Stiel« über; die in der Jugend weißliche, im Alter gelbliche und gelbbraune Oberfläche ist dicht mit größeren und kleineren, kegelförmigen, leicht abwischbaren Stacheln und Körnchen besetzt. Das Innere des Fruchtkörpers ist anfangs weiß und schwammig; bei der Sporenreife tritt eine Verfärbung nach Gelb bis Olivbraun ein. Die reifen Sporen werden durch eine Scheitelöffnung entlassen. **V:** häufig und gesellig in Wäldern und auf Heiden, von Juni bis November. **N:** jung, d. h. solange innen noch weiß, eßbar und schmackhaft. Sobald das Innere sich gelb zu verfärben beginnt, ist der Pilz nicht mehr zu verwenden. Vor der Zubereitung darf man Boviste nicht waschen. Sie schmecken am besten mit viel Zwiebeln gebraten und sind auch roh mit Salz genießbar.

Ähnlich ist der viel größere **Beutel-Stäubling,** *Calvatia excipuliformis* (PERS.) PERDECK (= *C. saccata* MORG.), der 7–15 (–20) cm hoch wird. Er besitzt einen flachkugelförmigen, 4–8 cm breiten Kopfteil, der in einen bauchigen Stiel übergeht; Außenhaut dicht weiß-körnig-stachelig. Bei der Reife zerfällt der gesamte Kopfteil. **V:** in Nadelwäldern, vom Sommer bis zum Herbst. **N:** jung eßbar und wohlschmeckend.
Weitere Stäublinge:
Birnen-Stäubling, *Lycoperdon pyriforme* SCHFF. ex PERS. Fruchtkörper 3–5 cm hoch, birnenförmig, blaß, sich bald gelblich bis bräunlich verfärbend, fast glatt oder mit feinkörnigem Überzug, sich am Scheitel mit einem rundlichen Loch öffnend. Geruch unangenehm. **V:** in dichten Haufen an

alten Stümpfen von Laubhölzern, vom Sommer bis Herbst. **N:** jung eßbar, doch wenig schmackhaft. – Ein leicht kenntlicher Stäubling ist der **Igel-Stäubling,** *Lycoperdon echinatum* PERS. Der rundlich-birnenförmige, 2–4 cm breite, kurz gestielte Fruchtkörper ist dicht mit 2–4 mm langen, gruppenweise zusammenneigenden, braunen Stacheln besetzt, so daß dieser das Aussehen eines kleinen Igels hat. Meist in Buchenwäldern zwischen Laub. Jung eßbar. – In der Farbe ähnlich, aber viel kürzer bestachelt ist der **Braune Stäubling,** *Lycoperdon umbrinum* PERS., der in Laub- und Nadelwäldern wächst. Jung eßbar.

Die **Boviste,** *Bovista* (= *Bovistella*) sind von den Stäublingen darin unterschieden, daß die sterile, stielartige Basalzone des Fruchtkörpers fehlt und dessen gesamte Innenmasse sich in Sporenpulver umwandelt, das durch ein scheitelständiges Loch entlassen wird.

Eier-Bovist, Schwärzender Bovist (Taf. 59, l.), *Bovista nigrescens* PERS. **Fruchtkörper:** ungestielt, walnuß- bis hühnereigroß, rundlich, aber breiter als hoch. Die weiße, fast glatte Außenhaut löst sich bei der Reife in Fetzen ab; die Innenhaut wird bei der Reife papierdünn, glänzend- bis schwarzbraun und öffnet sich am Scheitel mit einem ziemlich großen, unregelmäßig gezackten Loch. **V:** auf Wiesen, Weiden und Heiden, häufig und gesellig, vom Juni bis November. **N:** jung eßbar und wohlschmeckend.

An gleichen Standorten wächst auch der eßbare **Zwerg-Bovist,** *Bovista plumbea* PERS., der nur eine Größe von 1,5–2 cm erreicht und dessen innere Haut eine blaugraue Färbung annimmt.

Zu den Riesen unter den Stäublingen gehören die Vertreter aus der Gattung *Langermannia,* die dadurch gekennzeichnet sind, daß bei der Sporenreife der gesamte oder wenigstens große Teile des Fruchtkörpers zerfallen, so daß eine weit offene, häutige Schale zurückbleibt.

Der **Riesen-Stäubling,** *Langermannia gigantea* (BATSCH ex PERS.) ROSTK. (= *Calvatia maxima* MORG., = *Lycoperdon bovista L.*) kann einen Durchmesser bis zu 60 (!) cm und ein Gewicht bis zu 15 kg erreichen. Er ist kugelförmig und besitzt eine handschuhlederartige, weiße, sich später gelbbraun verfärbende Außenhaut. **V:** auf Grasplätzen, Brachäckern, im Gebüsch und in Parkanlagen, von Mai bis Oktober. **N:** jung eßbar, aber nicht schmackhaft. – Von diesem unterscheidet sich der nur bis 15 cm im Durchm. große, breit-birnen- oder eiförmige **Hasen-Stäubling,** *Calvatia utriformis* (BULL. ex PERS.) JAAP (= *C. caelata* MORG.), darin, daß die anfangs glatte, feinfilzige, weißliche Außenhaut aufreißt, so daß die Oberfläche feldrig getäfelt oder geschuppt erscheint. Er wächst an den gleichen Standorten wie der vorige und ist jung eßbar und wohlschmeckend.

Die **Erdsterne,** *Geastrum* (= *Geaster*) gehören zu den formschönsten Pilzen der heimischen Vegetation. Sie sind dadurch gekennzeichnet, daß die derbe Außenhaut, die Exoperidie, sich von der dünnen Innenhaut, der Endoperidie, löst, sternförmig aufreißt und sich zurückschlägt. Dadurch liegt die die Sporenmasse umschließende Innenperidie in Form eines kleinen, rundlichen, mit scheitelständigem Loch sich öffnenden Bällchens in der Mitte eines Sternes. Die Gattung ist in Deutschland mit rund 15 Arten vertreten.

Gewimperter oder **Fransen-Erdstern (Taf. 59, M.),** *Geastrum* (= *Geaster*) *fimbriatum* FR. Außenperidie in 6–8 (–15) dreieckig-längliche, oft ungleichmäßig gestaltete Lappen aufreißend und ausgebreitet einen Durchm. von 5–10 cm erreichend, anfangs von hell-bräunlich-rötlicher Farbe, 2–3 mm dick, im Alter vertrocknend und papierdünn. Bei trocknem Wetter rollen sich die Lappen nach unten um, wodurch der Fruchtkörper angehoben wird. Innenperidie 1,5–2,5 cm breit, zwiebelförmig, ungestielt, hell-ockerbräunlich, mit zugespitzter, am Rande gefranster (Name!) Mündung. **V:** zerstreut, aber gesellig in trocknen, sandigen Nadelwäldern, vom Sommer bis zum Herbst. **N:** nicht genießbar.

Vierteiliger Erdstern (Taf. 59, r.), *Geastrum quadrifidum* PERS. (= *G. coronatum* [SCHFF.] SCHROET.). Äußere Peridie geöffnet 3–4 cm im Durchm., in 4, selten 5–6, blaßrötlich-ockerbräunliche, später fast weißliche Lappen aufreißend; diese schlagen sich zurück und heben den Fruchtkörper vom Boden ab. Innenperidie ca. 1 cm im Durchm., ganz kurz gestielt, von blaugrauer bis bläulich-grauer Farbe, mit kegelförmig zugespitzter Mündung. **V:** zerstreut, aber gesellig in Fichten- und Kiefernwäldern, vom Sommer bis zum Herbst; die getrockneten Fruchtkörper lange erhalten bleibend.

Den Erdsternen recht ähnlich ist der **Wetterstern,** *Astraeus hygrometricus* (PERS.) MORG. (= *A. stellatus* SCOP.). Außenperidie in 7 bis 15 spitze, schmutzigbraune, oberseits feldrig-zersprungene Lappen aufreißend, die sich bei trocknem Wetter um die Innenperidie zusammenschließen, bei feuchter Witterung aber nach außen krümmen (Name!). Die kugelige, ungestielte, 2–3 cm große Innenperidie besitzt nicht wie bei *Geastrum* eine scharf umgrenzte Öffnung zum Ausstreuen der Sporen, sondern reißt unregelmäßig auf. **V:** selten im Herbst in Nadelwäldern. **N:** nicht genießbar.

Die **Rutenpilze,** *Phallaceae,* recht eigenartig gestaltete Pilze, haben ihr Hauptverbreitungsgebiet in den Tropen und finden sich in der heimischen Vegetation nur mit wenig Arten. Alle zeichnen sich z. Z. der Sporenreife durch einen aasartig-stinkenden Geruch aus, wodurch Aasinsekten angelockt werden, welche die Sporenverbreitung übernehmen. So formenreich die vollentwickelten, hier als Rezeptakulum bezeichneten Fruchtkörper auch sind, so einheitlich vollzieht sich die Entwicklung: Das Jugendstadium ist ein weiches, an einen Bovist erinnerndes, mit dicken Mycelsträngen versehenes, als **Teufels-** oder **Hexenei** bezeichnetes Gebilde. Schneidet man dieses längs durch (Fig. 15, *IV*), so stellt man eine doppelte (äußere und innere) weiße Hüllhaut fest, zwischen die eine dicke Gallertschicht eingelagert ist. Diese Hülle (Volva) umschließt das Rezeptakulum. Ist das Ei ›ausgewachsen‹, so durchbricht der Fruchtkörper die Hülle, streckt und entfaltet sich außerordentlich schnell, während jene als Scheide (Volva) ähnlich wie bei vielen

Wulstlingen (*Amanita*) an seiner Basis zurückbleibt. Häufig wird das Rezeptakulum bei der schnellen Streckung auch aus der Volvascheide herausgehoben und liegt später daneben. – Die tropischen Phallaceen zeichnen sich durch recht auffällige Farben und seltsame Formen aus, so daß sie zu den formschönsten Pilzen gehören, die MÖLLER geradezu als Pilzblumen bezeichnet. – In den wärmeren Zonen des Mittelmeergebietes lebt der seltsame **Gitterpilz,** *Clathrus ruber* (MICHELII) PERS., dessen Fruchtkörper ein halbkugeliges, lebhaft rot gefärbtes Gitternetz mit weiten Maschen bildet. – Zu den aufsehenerregendsten Pilzfunden der letzten Jahrzehnte gehört aber der

Tintenfischpilz (Taf. 60, l.), *Anthurus archeri* (BERK.) ED. FISCHER (= *A. muellerianus* KALCHBR.) E. FISCH., dessen Hauptverbreitungsgebiet Neuseeland und Australien ist, der im 1. Weltkrieg mit neuseeländischer Truppenverpflegung in das Elsaß eingeschleppt worden und von hier durch das Oberrheintal in das Nachbargebiet eingewandert ist und sich ständig weiter ausbreitet. Da uns dieser schöne Pilz alljährlich immer wieder zur Bestimmung überbracht wird, sei er hier abgebildet. – Das rundliche, 5–6 cm lange, mit derben Mycelsträngen im Boden ›wurzelnde‹ Ei umschließt das Rezeptakulum, das in einen kurzen, 0,5–1 cm langen Stiel und 5–6 lebhaft rote, anfangs an der Spitze zusammenneigende und die olivgrüne Sporenmasse (Gleba) zwischen sich einschließende Arme differenziert ist. Diese lösen sich später voneinander, biegen sich nach rückwärts um und liegen flach dem Boden auf. Seiner himbeer- bis orangeroten Färbung wegen macht der Pilz den Eindruck eines Seesterns oder Tintenfisch. Bei der Entfaltung der Arme verteilt sich die schwärzliche Gleba flockenartig auf deren Oberseite. Gleich anderen Phallaceen sondert auch *Anthurus* aasartig riechende Duftstoffe ab. **V:** nur in SW-Deutschland, Juni bis Oktober, auf Wiesen, Waldwiesen, in Obstgärten und lichten Wäldern. **N:** ungenießbar.

Einer der häufigsten heimischen Rutenpilze ist die **Gemeine Stinkmorchel (Taf. 60, M.),** *Phallus impudicus* L., die ihren Standort schon auf weite Strecken hin durch einen widerlichen Geruch verrät. Der anfangs unterirdisch lebende Fruchtkörper (Hexenei) ist etwa hühnereigroß. Aus ihm tritt ein 10–20 cm hoher, 2–4 cm dicker, weißer, poröser Stiel heraus, der an seiner Spitze einen glockenförmigen, grubig-netzigen Hut trägt. Dieser ist anfangs von der glänzend-olivgrünen, gallertigen Sporenmasse bedeckt, die sich bei völliger Sporenreife verflüssigt und abtropft. Dadurch wird der Hut schneeweiß, der ganze Pilz fast geruchlos und erinnert dann an eine Morchel. Die frühere Eihülle (Volva) bleibt als Scheide an der Stielbasis zurück. **V:** häufig und gesellig in Laub- und Nadelwäldern, Parkanlagen und Gebüsch, von Juni bis November. **N:** im entwickelten Zustand ungenießbar. Die ›Hexeneier‹ gelten mancherorts als Delikatesse; sie werden vielfach auch als Trüffelersatz verwendet.

In früheren Zeiten hatte die Stinkmorchel in der Volksmedizin eine gewisse Bedeutung und galt als Heilmittel gegen Rheuma und Gicht. Sie heißt deshalb auch heute noch mancherorts Gichtmorchel. – Eine tropische, wahrscheinlich mit Douglasfichten oder anderen nordamerikanischen Gehölzen nach Deutschland eingeschleppte Verwandte der Stinkmorchel ist die prachtvolle **Netz-Stinkmorchel,** *Dictyophora duplicata* FISCH., die unterhalb des Hutes ein 3–4 cm langes, weißgelbes Netz (Schleier) trägt. Sie trat 1926 erstmals in Mecklenburg auf und wurde seither an mehreren Orten beobachtet. Dieser schöne und eigenartige Pilz steht unter Naturschutz.

Eine kleinere Verwandte der Stinkmorchel ist die **Kleine Stinkmorchel** oder **Hundsrute (Taf. 60, r.),** *Mutinus caninus* (HUDS.) FR. ›Hexenei‹ nur etwa 3 cm lang; Stiel des Rezeptaktulums 8–12 cm hoch, ca. 1 cm dick, zur Basis hin verjüngt, porös, von blaßgelblich-roter Farbe; Hut sehr klein, mit dunkel-olivgrüner Sporenmasse, von schwachem Aas- und Kotgeruch. **V:** an oder neben alten Baumstümpfen in Nadel- und Laubwäldern, von Juli bis Oktober. **N:** ungenießbar.

Gallertpilze (*Tremellaceae*)

Die **Zitterpilze,** *Tremellaceae,* besitzen gallert- oder geleeartige, vorwiegend auf Holz lebende Fruchtkörper.

Eiszitterpilz, Zitterzahn (Taf. 61, l.), *Pseudohydnum (= Tremellodon) gelatinosum* (SCOP. ex FR.) KARST. **Fruchtkörper:** 3–6 cm breit, 1–1,5 cm dick, zittrig-weichgallertig, durchscheinend, halbkreis- oder nierenförmig, verbogen, am Grunde stielartig zusammengezogen, oft zu mehreren dachziegelartig übereinander sitzend oder miteinander verwachsen; Oberseite braungrau bis bläulich-braunviolett, feinfilzig oder körnig-papillös; Unterseite dicht mit derben, bläulichen, weichen, 2–4 mm langen

Stacheln. **V:** auf alten Nadelholzstümpfen, von Juli bis November. **N:** nur als Salat verwendbar (in Stücke geschnitten mit Essig, Öl, Pfeffer, Salz und Zwiebeln angerichtet); läßt sich auch nach Art einer Fleischsülze zubereiten. Infolge der mit Stacheln besetzten Unterseite könnte man den Eiszitterpilz für einen **Stachelpilz** (*Hydnaceae*, s. S. 106) halten. Seine gallertige Beschaffenheit und der Bau der Basidien sprechen aber für die Zugehörigkeit zu den Gallertpilzen.

Roter Gallert-Trichterpilz, Rotbrauner Gallertpilz (Taf. 61, r.), *Tremiscus helvelloides* (DC. ex FR) DONK (= *Guepinia h.* DC ex. FR., = *Gyrocephalus rufus* [JACQU.] BREF.). **Fruchtkörper:** 4–10 (–20) cm hoch, 3–7 cm breit, zittrig-gelatinös, trichterförmig mit wellig verbogenem Rand, z. T. einseitig aufgeschlitzt oder spatelförmig, in einen knorpeligen Stiel verschmälert, rötlich-orange oder gelblich-rot. Sporenbildendes Gewebe auf der Unterseite des Fruchtkörpers. **V:** gesellig und truppweise auf feuchtem Boden in Nadelwäldern, auf Holzresten, von Juni bis Oktober; nur in Süddeutschland häufiger, im Norden selten bis fehlend. **N:** eßbar, als Salatpilz oder zum Einlegen in Essig.

Der **Klebrige Hörnling (Taf. 61, m.)**, *Calocera viscosa* PERS. (Familie Hornpilze, *Dacryomycetaceae*), wird häufig mit **gelben Korallenpilzen** (*Ramaria aurea* u. *R. flava*, s. S. 111) verwechselt, doch gehört er zu den Gallertpilzen und unterscheidet sich von ersteren durch die zäh-knorpelige und klebrig-glatte Beschaffenheit seines orangegelben, verzweigten und gegabelten Fruchtkörpers. Auch wächst der Klebrige Hörnling nicht auf dem Boden, sondern auf Stümpfen von Nadelhölzern, von Juli bis Oktober. **N:** kaum genießbar.

Schlauchpilze (*Ascomycetes*)

Bei den **Schlauchpilzen**, *Ascomycetes*, entstehen die Sporen im Innern von Schläuchen (Fig. 17–18 u. S. 32), die Fruchtkörper sind recht vielgestaltig, knollenförmig (Trüffel), scheiben- oder schüsselförmig (Becherpilze), zuweilen auch in Stiel und Hut gegliedert Morcheln – Lorcheln). Schüsselförmige Fruchtkörper finden sich in der Familie der **Becherpilze**, *Pezizaceae*, so bei den zwei folgenden:

Orange-Becherpilz (Taf. 62, l.), *Aleuria* (= *Peziza*) *aurantia* (FR.) FUCK. **Fruchtkörper:** ungestielt, von der Form einer

2–10 cm breiten Schüssel mit hochgestelltem, anfangs regelmäßigem, später verbogenem Rande (s. auch Fig. 19, *I*); Oberseite glattglänzend, leuchtend orangerot, oft auch safrangelb, unterseits blasser und weißmehlig bereift. **Fl:** dünn, wachsartig, zerbrechlich, fast geruch- und geschmacklos. **V:** gesellig auf feuchtem Waldboden, an Waldwegen, Grabenrändern und Böschungen, vom Frühling bis zum Spätherbst. **N:** eßbar; eignet sich auch zum Einlegen in Essig.

Eselsohr (Taf. 62, M.), *Otidea* (= *Peziza*) *onotica* (PERS.) FUCK. **Fruchtkörper:** kurz gestielt, einseitig ausgezogen und seitlich eingerollt, 5–10 cm lang, einem Eselsohr nicht unähnlich, Oberseite rötlich-ockergelb, rosa oder orangefarbig, unterseits etwas heller und mehlig-bereift. **Fl:** dünn, wachsartig, zerbrechlich, von angenehmem Geruch und süßlich-mandelartigem Geschmack. **V:** häufig und gesellig in Laub- und Nadelwäldern, vom Sommer bis zum Herbst. **N:** eßbar.

Recht ähnlich ist das **Hasenohr,** *Otidea* (= *Peziza*) *leporina* (BATSCH) FUCK. **Frk:** kleiner als beim vorigen, nur 2–5 cm lang, einseitig bis zum Grunde gespalten, die freien Ränder mehr oder weniger eingerollt; Oberseite dunkel-, Unterseite rostbräunlich. **V:** meist im Nadelwald, zerstreut, aber gesellig, vom Sommer bis zum Herbst. **N:** eßbar.

Kastanienbrauner Becherling, *Peziza* (= *Plicaria*) *badia* PERS. **Frk:** 3–8 cm breit, schüsselförmig, mit unregelmäßig verbogenem, eingekerbt-gelapptem Rand; oberseits dunkel-kastanienbraun, unterseits rot-bräunlich. Auf feuchtem Boden im Wald, auf Waldwegen, an Grabenrändern, vom Frühling bis zum Herbst. Eßbar.

Gelber Spatelpilz (Taf. 62, r.), *Spathularia flavida,* SCHAEFF. (Familie: Erdzungen, *Geoglossaceae),* **Fruchtkörper:** von spatelförmiger Gestalt, 3–7 cm hoch, mit weißlichem, gleichmäßig dickem oder am Grunde etwas bauchigem Stiel und einem 1,5 bis 2 cm breiten, dotter- bis blaßgelben Hut, der sich an zwei gegenüberliegenden Seiten wulstförmig am Stiel herabzieht und oben flach zusammengedrückt ist. **V:** zerstreut, aber gesellig in Fichtenwäldern auf Nadeln. **N:** eßbar.

Die **Morcheln**[1], *Morchella* (Familie *Morchellaceae*), sind größere Pilze, deren Fruchtkörper in einen weißlichen, hohlen Stiel und einen unregelmäßig-runden oder spitzkegeligen Hut differenziert sind; der letztere trägt auf seiner Oberseite erhabene Längs- und Querleisten (s. Fig. 19, *II*), wodurch

[1] Bestimmungstabelle s. S. 144.

eine grubig-wabige Struktur zustande kommt. Die Morcheln sind ausgezeichnete Speisepilze.

Speise-Morchel (Taf. 63, l.), *Morchella esculenta* L. **H:** hohl, rundlich bis eiförmig, 3–7 (–10) cm hoch und 3–5 cm breit, hellockerfarbig bis tiefbraun, bisweilen auch weißlichgrau, durch erhabene Längs- und Querleisten wabig-netzig bis grubig unterteilt. **St:** hohl, 3–10 cm lang, dick, oft faltig, an der Basis zuweilen bauchig aufgeblasen, weißlich bis leicht gelblich, feinflockig. **Fl:** weiß, weich, von angenehmem Geruch. **V:** in Laubwäldern, Gebüsch, Parkanlagen, nur auf kalkfreiem Boden, von April bis Mai. **N:** wohlschmeckender und geschätzter Speisepilz, auch zum Trocknen und zur Herstellung von Pilzpulver geeignet. – Die Speisemorchel ist ziemlich standorttreu und erscheint alljährlich an den gleichen Stellen; man kann sie auch künstlich ansiedeln, wenn man an geeigneten Orten Reste frischer Morcheln auslegt. **VM:** Die giftige, und nur nach Vorbehandlung eßbare Frühjahrslorchel, *Gyromitra esculenta* (s. S. 122) besitzt eine unregelmäßig gefaltete Hutoberfläche.

Spitz-Morchel (Taf. 63, m.), *Morchella conica* PERS. **H:** schlank, ei- bis kegelförmig, 7–10 cm hoch und bis 4 cm breit, mit fast rechteckigen, von geraden Leisten begrenzten wabenartigen Gruben, hohl, zerbrechlich, heller oder dunkler olivbraun, an den Leistenrändern oft schwärzlich. **St:** bis 10 cm lang, meist kürzer als der Hut, hohl, zerbrechlich, weißlichflockig. **V:** in lichten Wäldern und Gebüsch, in Parkanlagen und Gärten, häufig an Brandstellen, gern auf kalkhaltigem Boden, von April bis Mai. **N:** Gleich der vorigen ein beliebter und schmackhafter, sich auch zum Trocknen eignender Speisepilz.

Ähnlich ist die **Hohe Morchel**, *Morchella elata* FR., die einen 4–7 cm hohen, länglich gekammerten **H** besitzt; **St:** oft doppelt so lang wie der Hut, an der Basis oft bauchig, an der Spitze faltig-längsadrig und grob flockig. **N:** wie vorige.

Käppchen-Morchel, *Mitrophora semilibera* LÉV. (= *Morchella rimosipes* DC.). **H:** braun bis olivbraun, spitz-kegelig bis glockig, 2–6 cm hoch, nur im oberen Drittel mit dem längsfurchigen an der Basis bauchigen Stiel verwachsen, so daß der Hutrand frei vom Stiel absteht. **V:** selten, aber gesellig in Laubwäldern mit tiefgründiger Humusdecke, von April bis Mai. **N:** eßbar, aber nicht so wohlschmeckend wie die übrigen Arten.

Die den Morcheln recht ähnlichen, aber in Deutschland sehr seltenen **Verpeln**, *Verpa*, unterscheiden sich von jenen darin, daß der glockige Hut frei von der Stielspitze herunterhängt. Die Verpeln sind kleine, eßbare Pilze, die von April bis Mai an ähnlichen Standorten wie die Morcheln auftreten. In Deutschland werden zuweilen angetroffen: die Runzel-Verpel, *Ptychoverpa bohemica* (KRBH.) BOUD., mit runzlig-furchigem, gelbbräunlichem Hut und die **Fingerhut-Verpel,** *Verpa digitaliformis* PERS. (= V. conica [MILL.] **SWARTZ**), mit glattem bis schwach runzeligen, hellbräunlichem Hut. Die **Lorcheln**[1] (Familie: *Helvellaceae*), den Morcheln nahe verwandt, sind gleich diesen in Stiel und Hut gegliedert, doch ist der letztere viel unregelmäßiger gestaltet; er besizt nicht das erhabene Netz- und Gittermuster; seine Oberfläche ist entweder gelappt, gebuchtet oder unregelmäßig gefaltet.

Frühjahrslorchel (Speiselorchel) (Taf. 63, r.), *Gyromitra esculenta* (PERS.) FR. (= *Helvella e.* PERS.) **H:** hohl, unregelmäßig, rundlich oder höckerig, darm- oder gehirnähnlich gewunden, z. T. mit dem Stiel verwachsen, z. T. lappig von diesem abstehend, meist breiter als hoch, außen kaffee- bis schwarzbraun, innen weißlich bis weißgrau. **St:** bis 7 cm hoch, dick, weißlich bis blaßviolett, gekammert – hohl, grubig bis faltig. **Fl:** wachsartig dünn, zerbrechlich, von angenehmem Geruch und Geschmack. **V:** in sandigen, kalkarmen Kiefernwäldern, auf Kahlschlägen, an alten Brandstellen, von April bis Mai, stellenweise häufig. **V:** Die Frühjahrslorchel ist zugleich ein schmackhafter Speise-, zugleich aber auch ein **höchst gefährlicher Giftpilz** (s. S. 40). Bei ihrer Verwendung ist größte Vorsicht geboten! Nur abgekochte Lorcheln dürfen gegessen werden. Sie müssen wenigstens 5–10 Min. lang gekocht (das Wasser ist wegzuschütten!) und anschließend gespült werden. Die in den Pilzen enthaltenen Giftstoffe sind in kochendem Wasser löslich und werden größtenteils entfernt. Niemals darf man innerhalb kurzer Zeitabstände mehrere Lorchelgerichte einnehmen. Am besten meide man die Lorchel überhaupt, da auch nach entsprechender Vorbehandlung Vergiftungserscheinungen aufgetreten sind.

Ähnlich ist die **Riesen-Lorchel,** *Maublancomyees gigas* (KRBH.) HERTER Größer als die vorige mit hellerer, gelblicher bis olivbrauner Hutfärbung, gleichfalls nur nach Vorbehandlung genießbar.

Herbst-Lorchel, Krause Lorchel (Taf. 64, l.), *Helvella crispa* SCOP. **H:** 2–5 cm hoch und breit, weißlich-gelblich, unregelmäßig gelappt, gefaltet und verbogen. **St:** weißlich, 5–10 cm hoch,

[1] Bestimmungstabelle s. S. 144.

fest und elastisch, mit erhabenen Längsrippen; zwischen diesen tiefe Rillen und langgestreckte Gruben. **V:** Nicht selten in Laubwäldern, an Wald- und Wegrändern, meist zwischen Gras und Laub, von August bis November. **N:** eßbar, aber zäh und deshalb schwer verdaulich.

In der Gestalt ähnlich ist die **Gruben-Lorchel (Taf. 64, M.),** *Helvella lacunosa* AFZ. **H:** dunkelmausgrau bis schwarz (nicht weißlich), aufgeblasen, mit 2–3 herabgeschlagenen, verbogenen, bisweilen eingerollten Lappen, 3–6 cm lang und breit. **St:** grau bis schwärzlich, stark kantig-rillig, mit tiefen, langgestreckten Gruben. **V:** Nicht selten in Wäldern, an Weg- und Straßenrändern, auf Erdhaufen, von Juni bis Oktober. **N:** eßbar (nach Gramberg wohlschmeckend).

Elastische Lorchel (Taf. 64, r.), *Leptopodia* (= *Helvella*) *elastica* (BULL.) BOUD. **H:** weißlich, gelblich oder graubräunlich, 1,5–3 cm hoch und breit, aus 2–3 unregelmäßig verbogenen, hängenden Lappen bestehend. **St:** 3–8 cm lang, elastisch, schlank, glatt oder flachgrubig, häufig etwas zusammengedrückt. **V:** Zerstreut in Laub- und Nadelwäldern, von April bis November. **N:** eßbar.

Zu den Schlauchpilzen gehören auch die als die »Könige der Speisepilze« bezeichneten **Trüffeln,** *Tuberales.* Ihre knolligen, kartoffelähnlichen von einer harten, glatten oder warzigen Außenhaut (Peridie) umgebenen Fruchtkörper (Fig. 18, II-III) leben dauernd unterirdisch und gelangen nur ans Tageslicht, wenn sie von Mensch und Tier ausgegraben werden. Das Innere des Fruchtkörpers ist von gewundenen Gängen und Hohlräumen durchzogen, in denen die Sporen reifen (Fig. 18, *III*). In Deutschland sind Trüffel selten; in kalkreichen Gebieten Süd- und Südwestdtschl.s wird hin und wieder die **Sommer-Trüffel,** *Tuber aestivum* VITT., gefunden, die in Eichenwäldern, von August bis März auftritt. Ihre Fruchtkörper sind rundlich, 4–10 cm groß, außen schwarzbraun und mit großen, pyramidenförmig-vieleckigen Warzen besetzt. Obwohl wohlschmeckend, ist die Sommer-Trüffel nicht so geschätzt wie die in den südfranzösischen Kalkgebieten beheimatete **Echte oder Perigord-Trüffel,** *Tuber melanosporum* VITT., die sich gegenüber der vorigen durch einen intensiven Geruch auszeichnet. Die Außenhaut trägt flache, 1–3 mm breite Warzen. Die Pilze werden mit Hilfe von abgerichteten Hunden und Schweinen gesucht. – In Deutschland etwas häufiger ist die **Deutsche** oder **Weiße Trüffel,** *Choiromyces maeandriformis* VITT. Sie wächst vom Sommer bis zum Herbst im Laubwald (Eichenwald) und ist in der Jugend ein guter Würzpilz. Der knollige, an einen Kartoffelbovist erinnernde Fruchtkörper ist an der Oberfläche rissig-gefeldert, innen weiß und von bräunlichen, gewundenen Adern durchzogen. Der in der Jugend angenehme Geruch wird im Alter zunehmend widerlich knoblauch- bis gasartig.

VII. Bestimmungstabellen

Vorbemerkungen zum Gebrauch

Die Bestimmung von Pilzen führt nicht immer so leicht und schnell zum Ziel wie bei Blütenpflanzen, denn die Veränderlichkeit einzelner Arten ist viel größer als bei jenen. So können die Farbtönungen ein und derselben Art stark variieren. Man begnüge sich deshalb nicht mit einem einzigen Exemplar einer Art, sondern nehme stets mehrere zur Hand. Vor Benutzung der Tabellen lese man die Einleitung, da auftretende Fachausdrücke dort erläutert sind.

Die Handhabung der zweigabelig (dichotom) aufgebauten Tabellen ist recht einfach; es sind jeweils zwei Möglichkeiten aufgeführt, die mit einer Zahl (1. 2. 3. . . .) bzw. einem Strich am linken Zeilenrand gekennzeichnet sind. Hat man sich für eine der beiden entschieden, so wird man weiter gewiesen, und zwar entweder zu einem Namen der betreffenden Gattung oder Art (die dahinterstehende Zahl gibt die Seite an, auf welcher der Pilz ausführlich beschrieben wird), zu einer weiteren Tabelle oder zu einer weiteren Zahl am rechten Ende der Zeile; diese sucht man weiter unten in der gleichen Tabelle auf usf., bis man zur Gattung oder Art gelangt. Ein Pilz ist aber erst dann mit Sicherheit bestimmt, wenn die auf der angegebenen Seite aufgeführte Beschreibung in allen Einzelheiten mit dem vorliegenden Exemplar übereinstimmt.

Ist ein Pilz nicht bestimmbar, so liegt entweder ein untypisches Exemplar vor, bzw. die betreffende Gattung ist in dem vorliegenden Buch, das nur eine Auswahl bringt, nicht aufgenommen.

In den Tabellen ist auf die Anführung mikroskopischer Merkmale bewußt verzichtet worden, da viele Pilzsammler nur selten im Besitz eines Mikroskops sind. Wer sich ernsthafter mit Pilzen beschäftigen will, muß ohnehin zu Spezialliteratur greifen.
Werden Pilze nicht unmittelbar am Standort, sondern erst zu Hause bestimmt, so ist bei erdbewohnenden Arten genauestens auf den Standort und auf die in der Umgebung wachsenden Bäume zu achten, denn eine Reihe von Pilzen ist in ihrem Auftreten an ganz bestimmte Baumarten gebunden; bei holzbewohnenden Pilzen ist es notwendig, gleichfalls die Holzart zu notieren.
Die vielfach erwähnte Farbe der Sporen kann man durch einen einfachen Versuch feststellen: Man legt einen Pilzhut mit der sporenerzeugenden Unterseite auf einen Bogen weißes Papier. Im trocknen Zimmer werden die Sporen schnell ausgestreut und fallen auf diesen.

I. Haupttabelle

1. Fruchtkörper nicht deutlich in Hut und Stiel gegliedert, von unregelmäßiger, gelappter, zungen-, knollen-, schüssel-, becher-, ohren-, spatel-, keulenförmiger, rundlicher, eiförmiger, flaschen- oder birnenförmiger, bzw. reich verzweigter, an Korallen oder einen Badeschwamm erinnernder Gestalt **8**

– Fruchtkörper deutlich in Hut und Stiel gegliedert; zuweilen mehrere Hüte einem gemeinsamen »Stamm« entspringend; Stiel entweder der Hutmitte (zentrisch, Fig. 4, *I*) entspringend oder seitlich (exzentrisch (Fig. 4, *II-III*) dem Hut angeheftet oder allmählich in den Hut übergehend **2**

2. Fruchtkörper von gallertig-gelatinöser Beschaffenheit, rötlich-orange, eingeschnitten-trichterförmig · *Tremiscus helvelloides.* S. 119

– Fruchtkörper nicht von gallertig-gelatinöser Beschaffenheit **3**

3. Sporenbildendes Gewebe auf der netzig-wabigen oder

unregelmäßig gestalteten Hutoberseite 7
– Sporenbildendes Gewebe auf der Hutunterseite . . 4
4. Hutunterseite mit Falten, Röhren oder Stacheln . . 6
– Hutunterseite mit blattartigen Lamellen oder niedrigen Leisten bzw. Runzeln 5
5. Hutunterseite mit blattartigen Lamellen.
Lamellen- oder **Blätterpilze,** *Agaricales,* Tab. **IV,** S. 130
– Hutunterseite mit wenig erhabenen Leisten oder Runzeln; Fruchtkörper zuweilen tief trichterförmig und deshalb Stiel im oberen Teil hohl.
Leistenpilze, *Cantharellaceae,* Tab. **III,** S. 129
6(4). Hutunterseite mit Stacheln.
Stachelpilze *(Hydnaceae)* und **Gallertpilze** *(Tremellaceae;* z. T.) Tab. **II,** S. 129
– Hutunterseite mit Falten oder senkrechten, mit Löchern nach außen mündenden Röhren, deren Öffnungen (Poren) z. T. sehr fein und oft nur mit der Lupe erkennbar sind; bei jungen Pilzen können diese durch eine Hyphenhaut (Schleier) verschlossen sein, die später am Stiel als lange Zeit sichtbarer oder vergänglicher Ring zurückbleibt.
Löcherpilze (*Poriales* z. T.) und **Röhrenpilze** (Boletaceae), Tab. **V,** S. 138
7(3). Stiel im Alter an der Basis mit gallertiger Scheide; Jugendstadium ein ungegliedertes, eiförmiges Gebilde; Pilze z. Z. der Sporenreife mit aasartigem Gestank · **Rutenpilze,** *Phallaceae,* S. 116
– Stiel an der Basis ohne Scheide, oft hohl und bauchig aufgeblasen; Hut vielfach hohl mit netzig verbundenen oder wabenartig angeordneten erhabenen Leisten versehen, hirn- oder darmartig gewunden bzw. gelappt.
Morcheln und **Lorcheln,** *Helvellaceae,* Tab. **VI,** S. 144
8(1). Fruchtkörper einfach keulenförmig, unverzweigt.
Keulenpilze, *Clavariadelphus pistillaris,* S. 113
C. ligula, S. 113
– Fruchtkörper anders gestaltet 9
9. Fruchtkörper unverzweigt, knollen-, schüssel-, becher-, zungen-, halbkreis-, eiförmig, kugelig oder unregelmäßig gestaltet 13

– Fruchtkörper verzweigt 10

10. Fruchtkörper kurz gestielt, in 5–7 orange- bis himbeerrote Arme zerteilt, an der Basis mit gallertiger Scheide, von aasartigem Geruch. Nur in Süd- und Südwestdeutschland. **Tintenfischpilz** *(Anthurus)*, S. 117

– Fruchtkörper anders gestaltet und meist reich verzweigt **11**

11. Enden der Zweige blattartig abgeflacht, am Rande oft wellig verbogen, blaßgelblich bis bräunlich; Pilze faust- bis kohlkopfgroß einem Badeschwamm oder Blumenkohl nicht unähnlich. **Krause Glucke,** *Sparassis,* S. 110

– Zweigenden rundlich, zugespitzt, nur wenig abgeplattet **12**

12. Fruchtkörper klebrig, knorpelig-elastisch, goldgelb. Nur an Nadelholzstümpfen wachsend.
Klebriger Hörnling, *Calocera viscosa,* S. 119

– Fruchtkörper nicht klebrig und elastisch, sondern brüchig, auf dem Boden wachsend.
Korallenpilze *(Clavaria, Ramaria),* S. 110 f.

13(9). Fruchtkörper zungenförmig bis halbkreisförmig, zur Basis hin verschmälert, beim Durchschneiden mit blutrotem Saft. **Leberpilz,** *Fistulina hepatica,* S. 106
oder von zittrig-gelatinöser Beschaffenheit, auf der Unterseite mit Stacheln.
Eiszitterpilz, *Pseudohydnum gelatinosum,* S. 118

– Fruchtkörper nicht zungen- oder halbkreisförmig, weder mit blutrotem Saft noch von gelatinöser Beschaffenheit **14**

14. Fruchtkörper unregelmäßig-knollig, wellig verbogen, von leuchtend gelber Farbe. Nur an lebenden Bäumen.
Schwefelporling, *Laetiporus sulphureus,* S. 105

– Fruchtkörper nicht unregelmäßig knollig und nicht von schwefelgelber Farbe **15**

15. Fruchtkörper schüsselförmig, orangerot oder einseitig ohrenförmig ausgezogen mit umgerollten Rändern, rötlichgelb bis braungelb mit dünnem, wachsartigem, zerbrechlichem Fleisch. **Becherpilze,** *Pezizaceae,* S 119

– Fruchtkörper nicht schüssel- oder ohrenförmig ausgezogen **16**

16. Fruchtkörper spatelförmig, mit dotter- oder blaßgelbem, am Stiel wulstförmig herablaufendem Hut.
Spateling, *Spathularia,* S. 120

– Fruchtkörper nicht spatelförmig, sondern rundlich, knollen-, flaschen- oder birnenförmig, z. T. mit sternförmig aufreißender Außenhaut, sich mit einem Loch öffnend oder bei der Reife zerfallend **17**

17. Fruchtkörper unterirdisch lebend, mit warzig gefelderter Oberfläche. **Trüffeln,** *Tuberales,* S. 123

– Fruchtkörper oberirdisch lebend **18**

18. Fruchtkörper kartoffelähnlich gestaltet und gefärbt, hart und fest, innen bald schwärzlich oder braun werdend.
Hartbovist, *Scleroderma,* S. 113

– Fruchtkörper nicht kartoffelähnlich, meist weiß, innen lange Zeit weißlich bleibend, dann gelblich-grün und zuletzt dunkelbraun **19**

19. Außenhaut sternförmig aufreißend und zurückschlagend, dick; Innenhaut kugelig dünn, sich am Scheitel mit einem Loch öffnend. **Erdsterne,** *Geastrum,* S. 116
Wetterstern, *Astraeus,* S. 116

– Außenhaut nicht sternförmig aufreißend, sich höchstens schuppig ablösend **20**

20. Fruchtkörper mit sterilem, häufig stielartigem Basalteil; Innenhaut sich am Scheitel mit einem Loch öffnend, durch welches die Sporen entweichen.
Stäublinge, *Lycoperdon,* S. 114

– Fruchtkörper ohne sterilen Basalteil; die gesamte Innenmasse verwandelt sich in Sporenpulver **21**

21. Fruchtkörper klein, bis hühnereigroß, sich an der Spitze mit einem Loch öffnend. **Boviste,** *Bovista,* S. 115

– Fruchtkörper sehr groß (7–50 cm im Dm.); bei der Sporenreife zerfällt der obere Teil des Fruchtkörpers, so daß nach dem Verstäuben ein schalenförmiger Basalteil zurückbleibt.
Groß-Stäublinge, *Calvatia,* + *Langermannia,* S. 115

Tabelle II: Stachel- und Gallertpilze
(*Hydnaceae* und *Tremellaceae*)

(Hutunterseite mit Stacheln)

1. Fruchtkörper gallertig, auf der Unterseite mit weichen Stacheln, nur an alten Nadelholzstümpfen.
Eiszitterpilz, *Pseudohydnum gelatinosum,* S. 118

– Fruchtkörper nicht gelatinös 2

2. Hutoberseite mit dunklen, kreisförmig-gestellten, sparrig abstehenden Schuppen; Stacheln grau-braun.
Habichtspilz, *Sarcodon imbricatus,* S. 107

– Hut ohne Schuppen 3

3. Hut 6–12 cm breit, blaßgelblich-ockergelb, glatt, dickfleischig, wellig verbogen.
Semmel-Stoppelpilz, *Hydnum repandum,* S. 106

– Hut 3–6 cm breit, gelbrötlich, feinsamtig, dünnfleischig.
Rotgelber Stachelpilz, *H. rufescens,* S. 107

Tabelle III: Leistenpilze und Schweinsohrpilze
(*Cantharellaceae* und *Gomphaceae*)

(Hutunterseite mit schmalen Leisten oder Längsrunzeln)

1. Fruchtkörper keulen- oder kreiselförmig, vollfleischig; Außenseite mit netzig verbundenen, rötlich-violetten Adern oder Leisten.
Keulen-Pfifferling, *Gomphus clavatus,* S. 109

– Fruchtkörper nicht keulenförmig und vollfleischig, sondern trichterförmig hohl oder deutlich in Hut und Stiel gegliedert 2

2. Hutunterseite ohne deutliche Leisten, nur mit Längsrunzeln, zuweilen auch glatt; Fruchtkörper trompetenförmig, braunschwarz bis schwarz
Herbst-Trompete, *Craterellus cornucopioides,* S. 109

– Hutunterseite mit deutlichen Leisten 3

3. Hutoberseite gelbbraun bis braun; Stiel mehr oder weniger gelb und im oberen Teil kahl 6

– Ganzer Pilz blaßgelb, dottergelb oder leuchtend orangerot 4

4. Hutoberfläche kahl; ganzer Pilz blaß- bis dottergelb; dickfleischig, von starkem Aprikosengeruch und leicht bitterem Geschmack.

Echter Pfifferling, *Cantharellus cibarius,* S. 108

– Hutoberfläche feinsamtig-filzig; Pilz lebhaft orangegelb, dünnfleischig **5**

5. Hutunterseite mit schmalen Leisten; Pilz nach Aprikosen duftend. Nur auf Kalkboden Süddeutschlands.

Samt-Pfifferling, *Cantharellus friesii,* S. 108

– Hutunterseite mit Lamellen; Pilz ohne Aprikosengeruch; vor allem in Nadelwäldern.

Falscher Pfifferling, *Hygrophoropsis aurantiaca,* S. 54

6(3). Hutunterseite geblich oder grau, mit deutlich gegabelten Leisten.

Trompeten-Pfifferling, *Cantharellus infundibuliformis,*

– Hutunterseite orangegelb-gelblichrosa, Leisten wenig hervortretend.

Goldstieliger Pfifferling, *Cantharellus lutescens,* S. 109

Tabelle IV: Lamellen- oder Blätterpilze

(*Agaricales, Polyporales* und *Boletales* p. p.)

(Hutunterseite mit Lamellen)

1. Stiel der Hutmitte ansitzend oder fast fehlend . . **5**

– Stiel dem Hut seitlich (exzentrisch) ansitzend . . . **2**

2. Hutrand in der Jugend stark eingerollt; Lamellen netzartig miteinander verbunden, in ihrer Gesamtheit vom Hutfleisch ablösbar; Pilze meist einzeln wachsend.

Kremplinge, *Paxillus,* S. 78

– Hutrand nicht stark eingerollt; Lamellen sich nicht in ihrer Gesamtheit vom Hutrand ablösend; Pilze meist in Gruppen oder Kolonien auf Holz wachsend . . . **3**

3. Lamellen sägeblattartig gekerbt; Pilz süßlich anisartig duftend.

Anis-Sägeblättling, *Lentinellus cochleatus,* S. 62

– Lamellen nicht sägeblattartig gekerbt; Fruchtkörper nicht anisartig duftend **4**

4. Größere Pilze mit weichem Fleisch und Lamellen;

Fruchtkörper zu mehreren dachziegelig übereinander mit dunkler Oberhaut.

Austern-Seitling, *Pleurotus ostreatus,* S. 62

– Fruchtkörper klein, mit ledrig-zähem Fleisch und zähen Lamellen. Meist in Haufen oder Knäueln an Baumstümpfen oder Stämmen. **Knäuling,** *Panus*

5(1). Stiel ohne Ring und Manschette, zuweilen mit knollig verdickter Basis oder häutig-lappiger Scheide; Hutoberfläche zuweilen flockig-schuppig oder mit spinnwebenartigen Hyphenresten am Rande **31**

– Stiel mit herunterhängender Manschette oder Ring (letzterer bisweilen an alten Exemplaren nur als faserige, durch die Sporen dunkler markierte Zone am Stiel sichtbar) oder Hut in der Jugend durch einen fädigen Schleier verschlossen **6**

6. Stielbasis nicht verdickt; wenn keulig oder knollig, dann Stiel allmählich und ohne scharfen Absatz in die Knolle übergehend (Fig. 20, *V*); Scheide fehlend **17**

– Stielbasis knollig verdickt; Knolle entweder durch eine Furche scharf vom übrigen Stiel abgesetzt (Fig. 20, *III*, *VI*), zuweilen mit schuppenartigen Flockenkränzen (Fig. 20, *IV*) oder mit längerer oder kürzerer abstehender (Fig. 20, *I*), resp. anliegender Scheide (Fig. 20, *II*, *VII*) versehen; Hutoberfläche häufig mit flockigen, abwischbaren Schuppen **7**

7. Hut nicht lebhaft orange- oder scharlachrot . . . **9**

– Hut lebhaft scharlach- oder orangerot **8**

8. Stielbasis mit weit abstehender Scheide (Fig. 20, *I*); Lamellen gelb; Hutoberfläche nur in der Jugend mit weißen Flocken. **Kaiserling,** *Amanita caesarea,* S. 66

– Stielbasis ohne Scheide, jedoch verdickt und mit gürtelartigen Flockenkränzen (Fig. 20, *IV*); Lamellen weiß; Hut mit weißen oder gelblichen Hüllresten.

Fliegenpilz, *Amanita muscaria,* S. 65

9(7). Stielbasis mit sehr kurzer, anliegender Scheide (Fig. 20, *III*) oder mit mehr oder weniger scharf, vom übrigen Stiel abgesetzter, zuweilen mit Flockenkränzen versehener Knolle (Fig. 20, *III*, *V*) **12**

– Stielbasis mit deutlicher, häutiger, meist abstehender Scheide (Fig. 20, *I*) 10

10. Hut olivgrün bis gelbgrün.
Grüner Knollenblätterpilz, *Amanita phalloides,* S. 63

– Hut weiß 11

11. Hut mehr oder weniger kegelförmig; Schneide der Lamellen rauh; Scheide der Stielbasis dünnhäutig, schlaff, oft anliegend.
Weißer Knollenblätterpilz, *Amanita verna,* S. 64

– Hut flach gewölbt; Schneide der Lamellen glatt; Scheide der Stielbasis weit abstehend.
Frühlingsknollenblätterpilz, *Amanita phalloides* var. *verna,* S. 64

12(9). Fleisch beim Durchschneiden rötend; Hut rotbräunlich.
Perlpilz, *Amanita rubescens,* S. 66

– Fleisch beim Durchschneiden und Verletzung nicht rötend. 13

13. Hut weißlich, gelblich, sattgelb oder grünlich . . . 16

– Hut hell- bis dunkelgrau oder bräunlich 14

14. Manschette oberseits deutlich gerieft, unterseits grau; Stiel meist grau; Wuchs gedrungen.
Grauer Wulstling, *Amanita spissa,* S. 67

– Manschette oberseits nicht gerieft; Wuchs schlanker . 15

15. Hut mit reinweißen Hüllresten, gelb-dunkelbraun; Rand gerieft; Knolle mit kurzer, anliegender Scheide (Fig. 20, *VI*). **Pantherpilz,** *Amanita pantherina,* S. 67

– Hut mit schmutzig-grünlichen Hüllresten oder fehlend; Hut braun-grau; Rand glatt; Manschette im Alter fast schwärzlich und mit dem Stiel verklebt.
Porphyrbrauner Wulstling, *Amanita porphyria,* S. 68

16(13). Hutrand gerieft; Hut gelblich oder sattgelb mit weißen Hüllresten; Knolle mit schmalem Rand (Fig. 20, *VII*).
Narzissengelber Wulstling, *Amanita gemmata,* S. 68

– Hutrand nicht gerieft; Hut gelblich, grünlich oder weißlich, mit gelblichen bis bräunlichen Hüllresten; Knolle sehr dick, scharfrandig (Fig. 20, *III*); Pilz nach rohen Kartoffeln riechend.
Gelblicher Wulstling, *Amanita citrina,* S. 65

17(6). Hutoberfläche glatt, höchstens feinfaserig oder klebrigschleimig, aber nicht flockig oder schuppig 25

– Hutoberfläche stark schuppig oder flockig 18

18. Hutoberhaut grün, im Alter gelblich ausblassend, in der Jugend mit weißen Flocken schmierig-klebrig; Lamellen rötlichbraun bis schockoladefarbig.

Grünspan-Träuschling, *Stropharia aeruginosa,* S. 73

– Hutoberhaut nicht grün, nicht schmierig-klebrig, aber mehr oder weniger stark schuppig-flockig oder faserig 19

19. Schuppen oder Fasern derb, eingewachsen, nicht abwischbar 22

– Schuppen oder Flocken zart, im Alter vergänglich, häufig schon durch Regen abwischbar 20

20. Pilze meist in dichten Büscheln an Stümpfen von Laub- und Nadelhölzern.

Hallimasch, *Armillariella mellea,* S. 54

– Pilze einzeln im Erdboden wachsend 21

21. Fleisch bei Verletzung und im Alter rötend (vor allem an den Madengängen der Stielbasis); Hutoberhaut rotbräunlich oder rötlichweiß mit gräulichen bis rötlichen Flocken. **Perlpilz,** *Amanita rubescens,* S. 66

– Fleisch bei Verletzung und im Alter nicht rötend; Hutoberhaut hell- bis dunkelgrau oder graubraun mit mehlartigen Flocken.

Grauer Wulstling, *Amanita spissa,* S. 67

22(19). Fruchtkörper bei Reife tintenartig zerfließend; Sporen schwarz. **Tintlinge,** *Coprinus,* S. 75

– Fruchtkörper bei der Reife nicht tintenartig zerfließend; Sporenstaub weißlich, braun oder schokoladebraun 23

23. In Büscheln an Stümpfen oder Stämmen lebender Laubhölzer wachsende kleinere Pilze; Stiel mit abstehenden Schüppchen; Sporenstaub braun.

Sparriger Schüppling, *Pholiota,* S. 75

– Einzeln auf dem Erdboden wachsende, meist größere Pilze mit häufig knollig verdickter Stielbasis . . . 24

24. Lamellen und Sporenstaub weiß, Hutoberfläche stark schuppig. **Schirmlinge,** *Macrolepiota,* S. 69

– Lamellen anfangs rötlich, rosa oder lachsfarbig, im Alter tiefdunkel-schokoladebraun; Sporen von gleicher Farbe;

Hutoberfläche weißlich, gelblich oder braun, feinschuppig oder feinfaserig.

Egerlinge, *Agaricus (Psalliota),* S. 70 u. 147

25(17). Hutoberfläche auch bei feuchtem Wetter nicht klebrig-schmierig **27**

– Hutoberfläche schmierig-klebrig, zumindest bei feuchtem Wetter **26**

26. Stielbasis am Grunde außen und innen mehr oder weniger gelb; Ring schleimig-wulstig; Lamellen weit am Stiel herablaufend, sehr entfernt stehend, im Alter dunkelnd. **Gelbfuß,** *Gomphidius,* S. 79

– Stielbasis am Grunde innen nicht gelb; Lamellen weiß oder gelb, nicht dunkelnd; häufig auch der Stiel schleimig und klebrig.

Schnecklinge, *Hygrophorus (= Limacium),* S. 51

27(25). Ring deutlich **29**

– Ring nur als faserige, durch die Sporen markierte Zone sichtbar **28**

28. Meist büschelig auf Holz, seltener einzeln auf dem Erdboden wachsende Pilze mit nicht knollig verdickter Stielbasis; Sporenpulver grau bis schwarz-violett.

Schwefelköpfe, *Hypholoma,* S. 73

– Einzeln auf Erde wachsende Pilze mit knollig verdickter Stielbasis; Sporenpulver rostbraun.

Dickfuß, *Cortinarius,* S. 76

29(27). Kleinere, in dichten Büscheln an Stümpfen von Laubhölzern wachsende Pilze; Hut fettig-glänzend, honiggelb bis braun, mit durchwässerter, dunklerer Randzone; Stiel unterhalb des braunen Ringes rostbräunlich-schuppig; Sporen rostbraun.

Stockschwämmchen, *Kuehneromyces (= Pholiota) mutabilis,* S. 74

– Einzeln oder in kleinen Gruppen auf dem Erdboden wachsende Pilze; Randzone des Hutes nicht durchwässert **30**

30. Lamellen anfangs lehmgelblich, später brauner; Hut ockergelblich, in der Mitte mit zartem, weißlichem, abwischbarem Reif.

Reifpilz, *Rozites (= Pholiota) caperata,* S. 75

– Lamellen anfangs rosafarbig, im Alter dunkelschokoladebraun; Hut weißlich, gelblich oder braun, in der Mitte ohne abwischbaren Reif, aber zuweilen mit Fasern oder Schuppen.

Egerlinge, *Agaricus* (= *Psalliota*), S. 70 u. 147

31(5). Stielbasis mit häutig-lappiger Scheide; Hut mit oder ohne Flocken.

Scheiden-Streifling, *Amanita vaginata*, S. 69

– Stielbasis ohne häutig-lappiger Scheide **32**

32. Hut und Lamellen bei der Sporenreife tintenartig zerfließend; Hutoberfläche flockig oder schuppig; Sporenstaub schwarz. **Tintlinge,** *Coprinus*, S. 75

– Fruchtkörper bei der Sporenreife nicht zerfließend . **33**

33. Fruchtkörper mit wasserklarem, weißem oder gefärbtem Saft, der aus verletzten Stellen hervortritt; Fleisch brüchig. **Milchlinge,** *Lactarius*, S. 85 und Tabelle S. 153

– Fruchtkörper ohne Milchsaft **34**

34. Fleisch des Stieles und Hutes trocken, mürbe-brüchig läßt sich zwischen den Fingern zerkrümeln). Lamellen spröde, beim Darüberstreichen meist splitternd (Ausnahme: *Russula cyanoxantha* S. 83); Stiel gleich dick, an der Basis abgerundet; Lamellen weiß oder gelblich bis gelb; meist lebhafte Hutfarben vorherrschend.

Täublinge, *Russula*, Tabelle S. 148

– Fleisch nicht brüchig-mürbe; Lamellen beim Darüberstreichen nicht splitternd **35**

35. Lamellen nicht am Stiel herablaufend; an diesem angewachsen oder ausgebuchtet (Fig. 8, *II–III*) **42**

– Lamellen mehr oder weniger weit am Stiel herablaufend (Fig. 8, *V*) **36**

36. Lamellen orange- bis dottergelb, mehrfach gegabelt; Hut flach gewölbt mit eingerolltem Rand, dünnfleischig; Pilz einem **Pfifferling** ähnelnd.

Falscher Pfifferling, *Hygrophoropsis aurantiaca*, S. 54

– Lamellen nicht orange- bis dottergelb und nicht mehrfach gegabelt **37**

37. Mittelgroßer, weißer oder grauweißer Pilz mit starkem Mehlgeruch; Lamellen im Alter rötlich.

Mehlpilz, *Clitopilus prunulus*, S. 77

– Pilze ohne starken Mehlgeruch **38**

38. Lamellen als zusammenhängende Schicht vom Hutfleisch ablösbar, am Stielansatz meist netzaderig miteinander verbunden; Stiel oft exzentrisch inseriert oder fehlend; Hutrand in der Jugend stark eingerollt; Sporenstaub braun. **Kremplinge,** *Paxillus,* S. 78

– Lamellen nicht als zusammenhängende Schicht vom Hutfleisch ablösbar; Sporenstaub weiß **39**

39. Lamellen sehr dichtstehend; Hut älterer Pilze meist trichterförmig vertieft, in der Jugend mit eingerolltem Rand; Stiel fleischig mit fester Rindenschicht.
Trichterlinge, *Clitocybe,* S. 55

– Lamellen entfernter stehend; Hut älterer Pilze meist nicht trichterförmig vertieft **40**

40. Hut nicht schleimig und klebrig.
Ellerlinge, *Camarophyllus,* S. 52

– Hut und meist auch der Stiel schleimig und klebrig . **41**

41. Sporenpulver olivgrau bis schwarz; Lamellen im Alter dunkelnd; Stiel am oberen Ende mit schleimigem Wulst (nicht immer sichtbar) als Rest eines Ringes, an der Basis außen und innen lebhaft gelb.
Gelbfüße, *Gomphidius,* S. 79

– Sporenpulver weiß, Lamellen weiß oder gelb, aber im Alter nicht dunkelnd; Stiel im oberen Teil mit flockigen Körnchen.
Schnecklinge, *Hygrophorus (= Limacium),* S. 51

42(35). Fleisch an Druckstellen sich rötend; Hut in der Jugend weiß bis gelblich-weiß, sich im Alter meist ziegelrot verfärbend, vom Rande her meist eingerissen; Sporenstaub schmutzigbraun.
Ziegelroter Rißpilz, *Inocybe patouillardii,* S. 76

– Hut im Alter sich nicht ziegelrot verfärbend und nicht vom Rande her eingerissen (wenn Hut rötlich, dann schon in der Jugend) **43**

43. Hutunterseite in der Jugend nicht durch einen fädigen Schleier verschlossen **45**

– Hutunterseite in der Jugend durch einen fädigen Schleier verschlossen, der nach der Entfaltung in fädigen Resten am Stiel (und meist auch am Hutrand) hängen bleibt und durch die ausfallenden Sporen dunkel gefärbt wird 44

44. Meist büschelig auf Holz, seltener einzeln auf der Erde wachsende Pilze; Stielbasis nicht knollig verdickt; Sporenpulver grau bis schwarz-violett.
Schwefelköpfe, *Hypholoma,* S. 73

– Einzeln auf der Erde wachsende Pilze mit knollig verdickter Stielbasis; Sporenpulver rostbraun.
Dickfuß, *Cortinarius,* S. 76

45(43). Sporenstaub rosafarbig; Lamellen im Alter deshalb rosa-rötlich, diese am Stiel eingebuchtet oder angewachsen; Hut elfenbeinweiß bis hellbräunlich. [S. 77
Riesen-Rötling, *Rhodophyllus* (= *Entoloma*) *sinuatus,*

– Sporenstaub nicht rosafarbig; Lamellen nicht rötlich, zuweilen aber violett 46

46. Stiel fleischig, voll, nicht knorpelig oder zäh, mit dem Hut fest verwachsen; Lamellen am Stiel angewachsen, aber eingebuchtet; Sporenstaub weiß oder graurötlich; mittelgroße Pilze von teilweise recht auffälliger Färbung. **Ritterlinge,** *Tricholoma,* Tabelle S. 145

– Stiel nicht fleischig, sondern faserig-zäh, knorpelig-röhrig oder knorpelig bis hornartig 47

47. Stiel faserig-zäh, aber nicht knorpelig; Lamellen sehr entfernt stehend, dick, am Stiel breit angewachsen; Sporenstaub weiß; Hut- und Lamellenfarben bräunlich oder violett. **Bläuling,** *Laccaria,* S. 53

– Stiel knorpelig-röhrig oder knorpelig-zäh bis hornartig 48

48. Stiel knorpelig-hohl; läßt sich wie ein Gummischlauch zusammendrücken und nimmt beim Loslassen wieder seine alte Form an; Lamellen am Stiel ausgebuchtet oder angewachsen; Sporenstaub weiß; kleinere bis mittelgroße auf Erde oder Holz wachsende Pilze.
Rüblinge, *Collybia,* S. 60

– Stiel knorpelig, zäh, aber nicht hohl, z. T. hornartig, fest mit dem Hut verwachsen; die zähen, kleinen Pilze können nach völligem Eintrocknen bei einsetzender Feuchtigkeit wieder ihre alte Form annehmen.
Schwindlinge, *Marasmius,* S. 61

Tabelle V: Löcher- und Röhrenpilze
(Poriales und *Boletales)*

(Hutunterseite mit Röhren oder Falten)

1. Fruchtkörper deutlich in Hut und Stiel gegliedert, zuweilen mit mehreren bis vielen Hüten, die einem gemeinsamen Stamm (Strunk) entspringen **3**

– Fruchtkörper nicht deutlich in Hut und Stiel gegliedert, zuweilen gegen die Basis hin verschmälert, auf Holz lebende Arten **2**

2. Fruchtkörper beim Durchschneiden mit rotem Saft; Oberseite fleisch- bis braunrot; Unterseite rötlich mit freistehenden Röhren, an alten Eichenstümpfen.
Ochsenzunge, Leberpilz, *Fistulina hepatica,* S. 106

– Fruchtkörper beim Durchschneiden ohne roten Saft; Röhren miteinander verwachsen, leuchtend gelb; Oberseite rotgelb bis gelb; Fleisch gelblich-weiß.
Schwefelporling, *Laetiporus sulphureus,* S. 105

3(1). Fruchtkörper nur mit einem Hut, bisweilen können aber die Hüte mehrerer Fruchtkörper miteinander verwachsen sein **6**

– Fruchtkörper mit mehreren bis vielen, getrennten Hüten, die einem gemeinsamen Stamm (Strunk) entspringen **4**

4. Pilz niedrig, kurzstielig mit zahlreichen, unregelmäßig verbogenen, miteinander verwachsenen, semmelfarbigen Hüten. **Semmel-Porling,** *Scutiger confluens,* S. 103

– Fruchtkörper meist höher als 15 cm, mit zahlreichen freien Hüten **5**

5. Stiel der Einzelhüte der Mitte des Hutes (zentrisch) inseriert. **Eichhase,** *Polypilus ramosissimus,* S. 104

– Stiel den blattartigen Hüten seitlich inseriert.
Klapperschwamm, *Polypilus frondosus,* S. 105

6(3). Röhrenschicht scharf vom Hut abgesetzt und leicht von diesem ablösbar (wenn schwer ablösbar, dann Stiel hohl (*Boletinus cavipes*) **8**

– Röhrenschicht mit dem Hutfleisch verwachsen und von diesem nicht oder nur schwer ablösbar; Stiel sehr kurz **7**

7. Poren sehr eng, kaum mit bloßem Auge sichtbar; Hut weißlich, blaß bis gelbbräunlich, mit weichem, brüchigem Fleisch. **Schaf-Porling,** *Scutiger ovinus,* S. 103

– Poren sehr weit, unregelmäßig eckig; Hut rotbraun, schuppig; Fleisch brüchig, weiß.
Ziegenfuß-Porling, *Scutiger pes caprae,* S. 103

8(6). Nur auf Kartoffelbovisten schmarotzender kleiner Röhrling. **Schmarotzer-Röhrling,** *Xerocomus parasiticus,* S. 102

– Pilze nicht auf Kartoffelbovisten schmarotzend . . 9

9. Hut mit derben, sparrig abstehenden, dunkelbraunschwarzen Schuppen
Strubbelkopf, *Strobilomyces, floccopus,* S. 100

– Hut nicht mit derben Schuppen, höchstens feinschuppig, samtig-filzig, feldrig zerrissen, schmierig-schleimig oder trocken 10

10. Röhrenschicht in der Jugend nicht durch einen Schleier verschlossen, Stiel deshalb später ohne Ring . . . 14

– Röhrenschicht anfangs durch einen Schleier verschlossen, Stiel deshalb später mit häutigem, flockigem oder schleimigem Ring 11

11. Stiel röhrig-hohl; Hutoberfläche filzig-fasrig-schuppig, zitronengelb-rotbraun; Röhren am Stiel herablaufend, strahlig angeordnet, blaßgelb
Hohlfuß-Röhrling, *Boletinus cavipes,* S. 94

– Stiel nicht hohl; Hutoberfläche bei Feuchtigkeit schmierig-schleimig, bei Trockenheit glänzend 12

12. Röhrenschicht weißlich-hellgrau-bräunlich.
Grauer Lärchen-Röhrling, *Suillus aeruginascens,* S. 97

– Röhrenschicht gelb 13

13. Hutoberseite schokoladen- bis gelbbraun; Ring anfangs weiß, dann violett bräunlich.
Butterpilz, *Suillus luteus,* S. 95

– Hutoberseite gelb bis goldgelb; Röhren sich bei Druck rotbraun verfärbend; meist nur unter Lärchen.
Gold-Röhrling, *Suillus grevillei,* S. 95

14(10). Fleisch von mildem, nicht pfefferartigem oder bitterem Geschmack 17

– Fleisch von bitterem oder pfefferartigem Geschmack (Kostprobe!) 15

15. Stiel dünn und schlank (1 cm dick), an der Basis gelb; Hut klebrig-schmierig oder glänzend gelbbraun; Röhren rotbraun; Geschmack pfefferartig brennend.
Pfeffer-Röhrling, *Suillus piperatus,* S. 94

– Stiel knollig-bauchig (wenigstens in der Jugend); Geschmack bitter **16**

16. Röhren anfangs weißlich, später rosarötlich, am Stiel tief eingebuchtet; Stiel hellbraun mit deutlichem, grobmaschigem, hellerem oder dunklerem Adernetz.
Gallen-Röhrling, *Tylopilus felleus,* S. 99

– Röhren gelb, ihre Mündungen bei Druck sich blau verfärbend; Stiel an der Spitze gelb, an der Basis karminrot, mit rötlichem oder gelblich-weißem Adernetz.
Dickfuß-Röhrling, *Boletus calopus,* S. 92

17(14). Röhrenschicht weiß, grau, gelb, grünlich oder olivbräunlich **21**

– Röhrenschicht orangerot, blutrot oder rostfarbig . **18**

18. Stiel nicht mit Adernetz, glatt, aber zuweilen mit feinen rötlichen Flocken oder Schuppen **20**

– Stiel mit deutlichem, rotem oder schwärzlichem Adernetz **19**

19. Adernetz des Stieles mit groben, länglichen Maschen; Stiel orangefarbig mit weinroter Basis; Hut ockergelblich bis bräunlich; Fleisch beim Durchschneiden schwach bläuend, geruchlos.
Netzstieliger Hexenpilz, *Boletus luridus,* S. 90

– Adernetz des Stieles mit feinen, nicht langgezogenen Maschen; Stiel sehr dick, fast knollig, gelblich, in der Mitte mit karminroter Zone; Fleisch beim Durchschneiden schwach bläuend, von unangenehm aasartigem Geruch.
Satanspilz, *Boletus satanas,* S. 90

20(18). Hut dunkelbraun, samtfilzig; Stiel dicht rotfilzig punktiert; Fleisch sattgelb, beim Durchschneiden sofort blauend.
Flockenstieliger Hexenpilz, *Boletus erythropus,* S. 91

– Hut gelblich bis rötlich; Stiel feinfilzig punktiert oder fast glatt; Fleisch hellgelb, beim Durchschneiden weniger stark blauend.
Glattstieliger Hexenpilz, *Boletus queletii,* S. 91

21(17). Stiel glatt oder filzig bis flockig (aber nicht schuppig und nicht körnig-rauh) oder sehr dick und dann mit erhabenem Adernetz **28**

– Stiel der ganzen Länge nach dunkel geschuppt oder körnig-rauh **22**

22. Röhrenschicht gelblich bis gelb, zumindest an alten Exemplaren **26**

– Röhrenschicht (auch an alten Exemplaren) schmutzig weiß, grau oder graugelb, aber nicht gelb **23**

23. Hutrand mit überstehender und nach unten eingebogener Oberhaut, orangegelb-rotbraun oder grau- bis rehbraun; Röhren weißlich-grau; Fleisch beim Durchschneiden schiefergrau bis schwärzlich anlaufend.
Rotkappe, *Leccinum aurantiacum* und *L. testaceo-scabrum,* S. 99

– Hutrand mit der Oberhaut abschließend, nicht orangegelb bis rotbraun **24**

24. Hutoberfläche kahl, hell- bis dunkelgraubraun, im Alter bei feuchtem Wetter schmierig; Fleisch beim Durchschneiden sich nicht verändernd; meist unter Birken wachsend. **Birkenpilz,** *Leccinum scabrum,* S. 98

– Hutoberfläche feinfilzig; Fleisch beim Durchschneiden rötlich-violettgrau bis schwärzlich sich verfärbend . **25**

25. Hutoberfläche runzelig, im Alter feldrig-aufspringend, dunkel bis schwarzbraun; Stiel dünn; meist unter Hainbuchen und Espen wachsend.
Schwärzlicher Birkenröhrling, *Leccinum griseum,* S. 98

– Hutoberfläche nicht feldrig-aufspringend, dunkel-kastanienbraun; Stiel derb, an der Basis meist verdickt und blaugrün; Fleisch außen hart; an Rotkappen erinnernde Pilze. **Härtlicher Röhrling,** *Leccinum duriusculum,* S. 98

26(22). Fleisch gelblich, sich beim Durchschneiden rötlich bis schwärzlich verfärbend; Hut blaß- bis zitronengelb, samtig-filzig, im Alter feldrig zerrissen.
Gelber Birkenröhrling, *Leccinum crocipodius,* S. 98

– Fleisch sich beim Durchschneiden nicht verfärbend; Hut bei Feuchtigkeit schleimig-schmierig; Poren häufig Milchtröpfchen ausscheidend **27**

27. Hut elfenbeinfarbig bis bräunlich-gelblich. Porenmündungen rötliche Tropfen abscheidend; Stiel weißlich-gelblich, purpurbraun bis schwärzlich drüsig punktiert; nur unter Weymouthskiefern wachsend.

Elfenbein-Röhrling, *Suillus placidus,* S. 96

– Hut lederbraun- bis rötlichgelb. Porenmündungen weißliche Tropfen abscheidend; Stiel hellgelb, an der Spitze mit weißlich-gelben, später dunkelbraunen Körnchen; in sandigen Kiefernwäldern.

Körnchen-Röhrling, Schmerling *Suillus granulatus,* S. 97

28(21). Stiel ohne Adernetz, zuweilen aber flockig-filzig, meist dünn **32**

Stiel mit erhabenem Adernetz, meist derb und sehr dick **29**

29. Geschmack mild (Kostprobe!) **31**

Geschmack bitter oder brennend scharf **30**

30. Röhrenschicht blaß-rosa; Stiel bräunlich- bis grünlich-gelb, mit grobmaschigem Adernetz.

Gallen-Röhrling, *Tylopilus felleus,* S. 93

– Röhrenschicht gelb; Stiel an der Basis lebhaft karminrot mit deutlichen, rötlichem oder gelblich-weißem Adernetz.

Dickfuß-Röhrling, *Boletus calopus,* S. 92

31(29). Hut gelbbraun, rotbraun oder braun (bei seltenen Formen braun-schwarz bis schwarz); Stiel blaßbraun oder weißlich mit weißlichem Adernetz; Fleisch weißlich, sich nicht verfärbend.

Steinpilz, *Boletus edulis* (einschließlich Unterarten), S. 92

– Hut gelblich-rosarot mit feinen, rötlichen Fasern; Stiel fein genetzt, gelb; Fleisch zitronengelb, beim Durchschneiden nicht bläuend.

Königs-Röhrling, *Boletus regius,* S. 93

32(28). Hutoberfläche schleimig oder schmierig (zumindest bei feuchtem Wetter und an jüngeren Exemplaren), bei Trockenheit glänzend *39*

– Hutoberfläche trocken (meist auch bei Feuchtigkeit) samtig-filzig, feinschuppig, feldrig zerrissen oder glatt **33**

33. Fleisch beim Durchschneiden unveränderlich oder nur langsam und wenig blauend **36**

– Fleisch beim Durchschneiden sofort und stark blau oder

grünblau anlaufend 34

34. Fleisch sattgelb, bei Druck oder Verletzung sofort tiefblau bis schwarzblau anlaufend. Poren und oberer Stielteil leuchtend gelb; Hut dunkelkastanienbraun. **Schwarzblauender Röhrling,** *Boletus pulverulentus,* S. 102

– Fleisch weißlich-gelb oder blaßgelb-orange, bei Druck und Verletzung mehr grünblau anlaufend; Röhrenmündungen blaß-grünlichgelb oder graubraun-gelblich . 35

35. Hutoberhaut kastanien- bis schokoladebraun, feinsamtig bis glatt; Röhrenmündungen blaßgrünlich-gelb.
Maronen-Röhrling, *Xerocomus badius,* S. 100

– Hutoberhaut gelb bis bräunlich-rötlichgelb, körnig rauh (wie mit Sand bestreut); Röhrenmündungen graubraungelblich. **Sand-Röhrling,** *Suillus variegatus,* S. 96

36(33). Hutoberfläche dunkel-kastanienbraun, fein samtig-filzig, nicht rissig aufspringend; Stiel bräunlich, streifig.
Maronen-Röhrling, *Xerocomus badius,* S. 100

– Hutoberfläche gelblich, graubraun, braungelblich (aber nicht dunkel-kastanienbraun), durch feine Härchen rauh gekörnelt oder rissig-feldrig aufspringend; Porenmündungen sehr weit 37

37. Hutoberfläche durch kleine Haarbüschel rauh, gekörnelt, braungelb bis goldgelb; Fleisch gelblich.
Sand-Röhrling, *Suillus variegatus,* S. 96

– Hutoberfläche feinsamtig (nicht gekörnelt), zuweilen rissig-feldrig aufspringend 38

38. Stiel ganz oder teilweise rotfilzig punktiert; Hutoberfläche braungrau-olivgelblich, meist stark rissig gefeldert, an den Rißstellen rötlich; Röhren grünlich- bis zitronengelb, bei Druck sich leicht bläuend.
Rotfuß-Röhrling, *Xerocomus chrysenteron,* S. 101

– Stiel gelblich bis rotbräunlich, feinfilzig, aber nicht rot; Hutoberfläche fein-samtig, wenn rissig aufspringend, dann Fleisch an den Rißstellen meist nicht rot; Röhren zitronen- bis goldgelb, bei Druck sich nicht verfärbend.
Ziegenlippe, *Xerocomus subtomentosus,* S. 101

39(32). Hutoberfläche gelblich-weiß.
Elfenbein-Röhrling, *Suillus placidus,* S. 96

– Hutoberfläche gelbbräunlich, rötlich oder braun . 40

40. Röhren sehr weit, zusammengesetzt, d. h. jede Porenöffnung in 3–4 kleinere unterteilt, strahlig angeordnet. **Kuhpilz,** *Suillus bovinus,* S. 94

– Röhren einfach, nicht zusammengesetzt 41

41. Hut dunkel-kastanienbraun; Fleisch und Röhren bei Druck und Verletzung sich mehr oder weniger stark blaugrün verfärbend. **Maronenpilz,** *Xerocomus badius,* S. 100

– Hut hellbraun; Fleisch und Röhren sich nicht verfärbend, die letzteren in der Stielregion meist Milchtröpfchen ausscheidend. **Schmerling,** *Suillus granulatus,* S. 97

Tabelle VI: Morcheln und Lorcheln

(*Morchellaceae* und *Helvellaceae*)

1. Hutoberfläche mehr oder weniger durch erhabene Längs- und Querleisten gefeldert . . *Morchella* 6

– Hutoberfläche unregelmäßig faltig oder lappig, gehirnartig gewunden, längsfaltig, aber ohne Querleisten oder fast glatt 2

2. Hut nur an der Spitze des Stieles angewachsen, sonst frei herunterhängend, glockenförmig, längsrunzelig oder faltig. **Verpel,** *Verpa,* S. 121

– Hut nicht glockenförmig, unregelmäßig oder lappig. **Helvella** 3

3. Hutoberfläche mit gehirnartig gewundenen Wülsten, rot- bis kaffeebraun. Frühjahrspilze. **Frühlorchel,** *Gyromitsa esculenta,* S. 122

– Hutoberfläche ungleichmäßig lappig, nicht mit gehirnartig gewundenen Falten. Herbstpilze 4

4. Hut dunkelmausgrau, mit kantig-rilligem und mit tiefen Gruben versehenem Stiel. **Gruben-Lorchel,** *Helvella lacunosa,* S. 123

– Hut weißlich-grau bis grau-gelb 5

5. Stiel mit erhabenen Längsrippen; Hut unregelmäßig gelappt oder verbogen. **Herbst-Lorchel,** *Helvella crispa,* S. 122

– Hut aus 2–3 herabhängenden Lappen bestehend; Stiel meist glatt oder flachgrubig, meist dünner als 1 cm.
Elastische Lorchel, *Leptopodia elastica,* S. 123

6(1). Hut nur im oberen Teil mit dem Stiel verwachsen, an der Basis frei von diesem abstehend.
Käppchen-Morchel, *Mitrophora,* S. 121

– Hut völlig mit dem Stiel verwachsen und nicht von diesem abstehend 7

7. Hut rundlich bis länglich, eiförmig, meist so lang wie breit, an der Spitze abgerundet mit unregelmäßig-rundlichen Falten und Querleisten.
Speise-Morchel, *Morchella esculenta,* S. 121

– Hut kegelförmig, länger als breit, oben mehr oder weniger spitz 8

8. Hut mit fast rechteckigen, länglichen Gruben, länger als der gleichmäßig dicke Stiel.
Spitz-Morchel, *Morchella conica,* S. 121

– Hut mit langgestreckten Falten und sehr niedrigen Querleisten; Stiel oben und unten verdickt.
Hohe Morchel, *Morchella elata,* S. 121

A. Tabelle der ritterlingsartigen Pilze (*Tricholoma* u. a.)

1. Hut und Stiel nicht von violetter Farbe und nicht mit violetten Tönungen, aber zuweilen purpurfilzig . . 5

– Hut und Stiel violett oder zumindest mit violetten Tönungen 2

2. Nur der Stiel violett; Hut blaßbräunlich; Lamellen schmutzig-weiß bis leicht bräunlich.
Lilastieliger R., *Lepista personatum,* S. 59

– Stiel, Hut und Lamellen violett oder mit violetten Tönungen 3

3. Lamellen lilabraun oder fleisch-lilafarbig; Hut lilabraun bis fast graubraun, oft verbogen, bei feuchtem Wetter durchwässert; Pilz meist büschelig wachsend, in Gärten, auf Komposthaufen, an Wiesenrändern u. a.
Fleischbrauner R., *Lepista sordidum,* S. 59

– Lamellen violett oder bläulich; Pilze meist einzeln wachsend, im Wald 4

4. Fruchtkörper von mehlartigem Geruch, blaß- bis grauviolett. Nur im Nadelwald des Alpengebietes.
Blaßblauer R., *Lepista glaucocanum,* S. 59

– Geruch nicht mehlartig, sondern parfüm-, rettichartig oder nach gekochtem Fleisch; Fruchtkörper lebhaft violett. **Violetter R.**, *Lepista nudum,* S. 58

5(1). Lamellen nicht lebhaft gelb 8

– Lamellen lebhaft gelb 6

6. Hut auf gelbem Grund dunkelpurpurfilzig; Pilz an Stümpfen von Nadelhölzern.
Rötlicher R., *T. rutilans,* S. 59

– Hut nicht dunkelpurpurfilzig; Pilze auf dem Erdboden wachsend 7

7. Geruch unangenehm nach Leuchtgas; Hut ganz schwefelgelb. Laubwaldpilz. **Schwefel-R.**, *T. sulphureum,* S. 59

– Geruch nicht nach Leuchtgas, schwach mehl- oder gurkenartig; Hut hell- bis olivgelb mit bräunlicher Mitte; Nadelwaldpilz. **Echter R., Grünling,** *T. flavovirens,* S. 58

8(5). Hut weiß, elfenbeinweiß oder hell-ockergelblich; Pilz von April bis Juni erscheinend.
Mai-R., *Calocybe gambosa,* S. 57

– Hut anders gefärbt und meist deutlich feiner oder grober beschuppt oder schwarzfaserig 9

9. Hut mit eingewachsenen, zur Mitte laufenden schwarzen Fasern, klebrig; Fleisch nach Mehl oder Gurken riechend.
Schwarzfaseriger R., *T. Portentosum,* S. 57

– Hut nicht mit Fasern, sondern mit feineren oder gröberen Schuppen, trocken 10

10. Hut hell-silbergrau mit breiten, entfernt stehenden, dunkelgrau-braunen Schuppen; Stiel kräftig und dick, fast bauchig oder knollig; Lamellen bei feuchter Witterung mit ausgeschiedenen Wassertropfen an der Schneide.
Tiger-R., *T. pardinum,* S. 60

– Hut mit kleineren bräunlichen Schuppen, grau- bis schwarzbraun. Stiel schlank, nicht bauchig 11

11. Lamellen weißlich bis grau, mit unregelmäßig gekerbter
Erd-R., *T. terreum,* S. 60

– Lamellen weißlich, sich im Alter vom Hutrand her zitronengelb verfärbend.
Gilbender R., *T. scalpturatum,* S. 60

B. Tabelle der Egerlings-Arten *(Agaricus)*

1. Hutoberhaut braungelblich bis bräunlich, zuweilen mit dunkleren Schuppen oder Fasern (auf hellerem Grunde) **5**

– Hutoberhaut weiß oder gelblich-weiß **2**

2. Fleisch von unangenehmem Geruch nach Karbol oder Tinte; Stielbasis beim Durchschneiden sofort gelb anlaufend. **Karbol-Egerling,** *A. xanthoderma,* S. 71

– Fleisch von angenehmem Geruch nach Anis, Mandeln oder Pflaumen **3**

3. Stiel mit einfachem oder undeutlichem Ring; Hutrand weit über die Lamellen hinausragend und häufig mit Schleierresten behängt; Geruch schwach nach Pflaumen; Vorkommen: auf Wiesen und Weiden.
Wiesen-Egerling, *A. campester,* S. 71

– Stiel mit doppeltem oder doppelschichtigem Ring . **4**

4. Fleisch auffallend hart, beim Durchschneiden rötend, von pflaumenartigem Geruch. Vorkommen: in Städten und Ortschaften, an Straßen, Wegrändern und Abfallhaufen.
Stadt-Egerling, *A. bitorquis,* S. 72

– Fleisch weicher, beim Durchschneiden nicht rötend, von angenehmem Geruch nach Anis oder Mandeln; Stiel und Hut bei Druck gelbfleckend; Vorkommen: auf Wiesen, Weiden, im Gebüsch. **Schaf-Egerling,** *A. arvensis,* S. 71

5(1). Hut der erwachsenen Pilze meist größer als 10 cm im Durchmesser **7**

– Hut der erwachsenen Pilze meist kleiner als 10 cm im Durchmesser **6**

6. Fleisch beim Durchschneiden schnell blutrot anlaufend, von schwachem, holzartigem Geruch; Hut auf hellerem

Grunde braunfaserig-schuppig, oft rostfleckig. Vorkommen in Fichtenwäldern.

Blut-Egerling, *A. silvaticus,* S. 72

– Fleisch beim Durchschneiden nur schwach rötend, nach Holz riechend; Hutoberhaut blaß- bis dunkelbraun, dunkler faserig oder schuppig; Vorkommen: in Gärten und auf Komposthaufen.

Garten-Egerling, *A. bisporus,* S. 73

7(5). Fleisch bei Verletzung lebhaft rosa anlaufend; Hut einheitlich dunkel-nußbraun mit gleichfarbigen, angedrückten Schuppen; Vorkommen: im Laubwald.

Großer Blut-Egerling, *A. haemorrhoidarius,* S. 72

– Fleisch bei Verletzung gelblich-rötlich anlaufend, angenehm nach Anis oder Mandeln riechend; Hut strohgelb mit gelblichbraunen Schüppchen, bei Druck gelbfleckig; Vorkommen: in Fichtenwäldern.

Riesen-Egerling, *A. augustus,* S. 72

C. Tabelle der Täublings-Arten *(Russula)*

1. Hutfarbe rot, gelbrot, braunrot, karminrot oder violett (stets mit einem Stich ins Rot) **20**

– Hutfarbe weißlich, gelb, braungelb, ockergelb, schmutzig- bis schwarzbraun (aber ohne Stich ins Rot, zumindest nicht in der Jugend), grünlich od. grünlich-violett **2**

2. Hutfarbe nicht weißlich **5**

Hutfarbe an jungen Pilzen weißlich, im Alter sich fleckenweise oder ganz schmutzig- bis schwarzbraun verfärbend; Fleisch fest, bei Verletzung sich rötend oder schwärzend (Schwarztäublinge) **3**

3. Lamellen dick und breit, weit voneinander entfernt, nicht am Stiel herablaufend.

Dickblättriger Schwarztäubling, *R. nigricans,* S. 82

– Lamellen dünner und dichter stehend, am Stiel etwas herablaufend **4**

4. Fleisch bei Verletzung zuerst rötlich, dann grauend, von ziemlich scharfem Geschmack.

Dichtblättriger Schwarztäubling, *R. densifolia,* S. 82

– Fleisch bei Verletzung nicht rötend, sondern langsam schwärzend, von mildem Geschmack und säuerlich-weinfaßartigem Geruch.

Rauchbrauner Schwarztäubling, *R. adusta,* S. 82

5(2). Hutfarbe schmutzigbraun bis schwarzbraun; Fleisch hart und fest, bei Verletzung rötend oder grauend (Schwarztäublinge) s. Punkt 3

– Hut anders gefärbt; Fleisch nicht rötend od. grauend 6

6. Hutfarbe ohne grüne Tönungen 11

– Hutfarbe grünlich, gelbgrün oder grünlichviolett . . 7

7. Hutoberhaut trocken, im Alter felderig aufreißend, grünlich-gelb, grünspanfarbig bis olivgelblich.

Grünfeldriger Täubling, *R. virescens,* S. 85

– Hutoberfläche klebrig-glänzend, im Alter nicht feldrig aufreißend 8

8. Lamellen und Sporenstaub im Alter dottergelb; Hutoberhaut anfangs olivgrün, später weinrot-purpurn, parallel zum Rand runzelig-wellig; Stiel gegen die Spitze zu rosa überlaufen.

Rotstieliger Täubling, *R. olivacea,* S. 84

– Lamellen auch im Alter nicht dotter-, höchstens zitronengelb oder weiß 9

9. Fleisch von scharfem Geschmack; Hut klebrig-schmierig-glänzend, grasgrün bis olivgrün.

Grasgrüner Täubling, *R. aeruginea,* S. 85

– Fleisch von mildem Geschmack; Hut nicht grasgrün und nicht (oder höchstens bei feuchtem Wetter) klebrig-glänzend 10

10. Lamellen weich, beim Darüberstreichen nicht brechend, weiß; Hut meist lilagrün, zuweilen mit grauen, gelblichen und rötlichen Schattierungen mit erhabenen, zur Hutmitte verlaufenden Äderchen.

Lilagrüner Täubling, *R. cyanoxantha,* S. 83

– Lamellen spröde, beim Darüberstreichen brüchig, gelblich; Hut in der Mitte olivgrün, am Rande bläulich-lila. Stiel zuweilen rötlich angelaufen.

Tauben-Täubling, *R. grisea,* S. 83

11(6). Hutfarbe braungelb oder hell- bis dunkelbraun . . 17

– Hutfarbe goldgelb, gelb oder hellockergelb 12

12. Fleisch von mildem Geschmack **14**

– Fleisch von scharfem Geschmack **13**

13. Fleisch gelblich spröde, von süßlichem, an Senfsoße erinnernden Geruch; Hutrand im Alter stark höckerig-gefurcht. **Gallen-Täubling,** *R. fellea,* S. 81

– Fleisch weiß, zuweilen bei Verletzung etwas grauend, von angenehmem Geruch; Hutrand im Alter nicht hökkerig-gefurcht. **Ocker-Täubling,** *R. ochroleuca,* S. 83

14(12). Hut nur 3–6 cm im Dm., sehr dünnfleischig mit abziehbarer zitronengelber Haut; Lamellen dottergelb; Stiel im Alter hohl und zerbrechlich.
Gelber Täubling, *R. lutea,* S. 84

– Hut meist größer als 6 cm im Dm.; Stiel im Alter nicht hohl **15**

15. Lamellen hellgelb mit zitronengelber Schneide; Hut leuchtend goldgelb (zuweilen blutrot oder beide Farben fleckenweise gemischt); Stiel weiß, zuweilen zitronengelb angelaufen. **Gold-Täubling,** *R. aurata,* S. 84

– Lamellen nicht mit zitronengelber Schneide; Hut nicht von goldgelber Farbe **16**

16. Lamellen weißlich, oft mit braunen Flecken; Hut blaß- bis ockergelb mit hellerem Rand.
Ockergelber Täubling, *R. ochroleuca,* S. 83
(s. auch Punkt **13–**)

– Lamellen anfangs weißlich, dann buttergelb; Hut sattgelb; Stiel im Alter grau werdend.
Gelber Graustieltäubling, *R. flava,* S. 83

17(11). Fleisch bei Verletzung rötend, vergrauend oder schwärzend; **Hut** in der Jugend weißlich . . . **Schwarztäublinge,** s. Punkt **3**

– Fleisch bei Verletzung nicht rötend oder schwärzend **18**

18. Hutrand ohne höckrige Furchen; Oberhaut rotbraun bis dunkelbraun; Lamellen im Alter ockergelb; Fleisch geruchlos, von süßlich-mandelartigem Geschmack.
Brauner Ledertäubling, *R. integra,* S. 84

– Hutrand am Rande mit höckerigen Furchen; Lamellen weißlich, blaß, Fleisch stark riechend **19**

19. Fleisch von unangenehm-widerlichem Geruch (nach verbranntem Öl) und scharfem Geschmack; Stiel im Alter hohl, bei Druck braunfleckend.

Stink-Täubling, *R. foetens,* S. 81

– Fleisch angenehm nach Bittermandel riechend.

Mandel-Täubling, *R. laurocerasi,* S. 82

20(1). Fleisch von mildem Geschmack **25**

Fleisch von scharfem Geschmack **21**

21. Huthaut nicht völlig abziehbar oder Lamellen gelblich oder Stiel rötlich **23**

– Huthaut völlig abziehbar, klebrig-schmierig; Lamellen und Stiel weiß **22**

22. Hut einfarbig hell- oder kirschrot klebrig-glänzend, 5–9 cm im Durchm.; Fleisch von angenehm säuerlich-obstartigem Geruch. **Spei-Täubling,** *R. emetica,* S. 80

– Hut weniger leuchtend-rot mit violettem, rosafarbigem oder grünlichem Stich, nur 3–6 cm im Durchm.; Lamellen meist mit gekerbter Schneide; Pilz sehr zerbrechlich.

Zerbrechlicher Täubling, *R. fragilis,* S. 80

23(21). Lamellen zerrieben nach Zedern-(Zigarrenkisten)holz riechend, hellgelblich; Huthaut dunkelblutrot oder rotbraun; Stiel meist rot überlaufen; Geschmack scharf und anhaltend brennend.

Zedernholz-Täubling, *R. badia,* S. 84

– Lamellen zerrieben nicht nach Zedernholz riechend . **24**

24. Stiel trübviolett, sehr hart. Hut dunkelpurpurrot bis bläulich-rot (auch olivfleckig), oft mit kleinem Buckel; Lamellen zitronen- bis ockergelblich, oft mit ausgeschiedenen Wassertropfen.

Tränen-Täubling, *R. sardonia,* S. 82

– Stiel karminrot, zerbrechlich; Hut dunkelpurpur- bis violettrot; Lamellen weißlich, blaß; Fleisch nach Stachelbeeren riechend.

Stachelbeer-Täubling, *R. queletii,* S. 82

25(20). Hutfarbe in rötlichen Tönungen (orange-, karmin-, braun-, dunkelrot oder fleischfarbig), ohne violetten Stich **28**

– Hutfarbe lila bis dunkelviolett, zuweilen mit grünlichen Tönungen (jedoch nicht rot), im Alter oft ausblassend **26**

26. Stielbasis nach Jodoform riechend; Lamellen im Alter dottergelb. Hutoberhaut dunkeltrüb-violett, im Alter auslassend. **Jodoform-Täubling,** *R. turci,* S. 82

– Stielbasis nicht nach Jodoform riechend **27**

27. Lamellen beim Darüberstreichen nicht splitternd, etwas schmierig; Hutoberhaut mischfarbig lilagrün oder einfarbig lila, zuweilen lilagrün.
Lilagrüner Täubling, *R. cyanoxantha* (s. auch Punkt 10), S. 83

– Lamellen beim Darüberstreichen splitternd, nicht schmierig; Hutoberhaut nicht ganz bis zum Hutrand reichend, fleischrötlich bis violett-bräunlich.
Speisetäubling, *R. vesca,* S. 81

28(25). Fleisch unter der goldgelben oder blutroten (beide Farben zuweilen fleckenweise gemischt) Hutoberhaut gelb; Lamellen hellgelb mit zitronengelber Schneide; Stiel oft zitronengelb angelaufen.
Gold-Täubling, *R. aurata,* S. 84

– Fleisch unter der Oberhaut nicht gelb; Lamellen nicht mit zitronengelber Schneide **29**

29. Fleisch beim Zerbrechen nach Heringslake riechend, an der Luft bräunend; Hutoberhaut dunkelpurpurrot mit schwärzlicher Mitte, seltener braun-rötlich oder grünlich trocken-matt. **Herings-Täubling,** *R. xerampelina,* S. 85

– Fleisch beim Zerbrechen nicht nach Heringslake riechend und nicht braun anlaufend **30**

30. Hutoberhaut nicht ganz bis zum Hutrand reichend, so daß eine 1–2 mm breite nackte Zone sichtbar ist, fleischrötlich oder violett-bräunlich.
Speise-Täubling, *R. vesca,* S. 81

– Hutoberhaut ganz bis zum Hutrand reichend, nackte Zone deshalb fehlend **31**

31. Hutoberhaut glanzlos und trocken, anfangs olivgrünlich, sich im Alter nach wein- bis purpurrot verfärbend, parallel zum Hutrand runzelig-wellig; Stiel gegen die Spitze zu rosa angelaufen; Lamellen gelb.
Rotstieliger Ledertäubling, *R. olivacea,* S. 84

– Hutoberhaut schmierig-klebrig-glänzend, am Rande nicht wellig runzelig; Stiel rein weiß **32**

32. Hut 6–12 cm im Durchm.; Oberhaut rot- bis dunkelbraun, in der Mitte olivgelblich ausblassend; Lamellen anfangs weißlich, zuletzt ockergelb.

Brauner Ledertäubling, *R. integra,* S. 84

– Hut 8–15 (–20) cm im Durchm.; Oberhaut wein- bis violettrot, in der Mitte olivgelb ausblassend; Lamellen im Alter dottergelb, breit und dick, weitstehend.

Weinroter Täubling, *R. alutacea,* S. 84

D. Tabelle der Milchlings-Arten *(Lactarius)*

1. Hutfarbe nicht weißlich 4

– Hut weißlich, im Alter trichterförmig vertieft, mit weißer, scharfer Milch; Pilze meist sehr groß 2

2. Lamellen blaß-rötlich; die am Ende feinfilzige Hutoberfläche oft mit unregelmäßigen Rostflecken.

Blutfleckiger Milchling, *L. controversus,* S. 86

– Lamellen reinweiß oder weißlich-gelb; Hut meist ohne Rostflecken 3

3. Hutoberfläche glatt; Lamellen dicht stehend.

Pfeffer-Milchling, *L. piperatus,* S. 86

– Hutoberfläche feinfilzig; Lamellen entfernter stehend.

Wolliger Milchling, *L. vellereus,* S. 86

4(1). Milchsaft beim Austreten karottenrot; Hutoberfläche gelblich-rötlich mit dunkleren konzentrischen Zonen. Lamellen bei Druck grünspanfleckig.

Edel-Reizker, *L. deliciosus,* S. 88

– Milchsaft unmittelbar beim Austreten weiß, gelblich oder wässerig 5

5. Milchsaft wässerig-farblos; Fleisch von starkem Geruch nach Liebstöckelkraut oder Maggiwürze.

Bruch-Reizker, *L. helvus,* S. 88

– Milchsaft weiß oder sich beim Austreten verfärbend, aber nicht wasserklar; Pilz ohne Geruch nach Liebstöckelkraut 6

6. Hutrand nicht bärtig-zottig, höchstens etwas filzig . 8

– Hutrand bärtig-zottig 7

7. Hut strohgelb, oft dunkler gezont; Milchsaft weiß, sich an der Luft sofort schwefelgelb verfärbend.

Strohgelber Milchling, *L. scrobiculatus,* S. 88

– Hut rötlich-fleischfarbig mit dunkleren konzentrischen Ringen. Milchsaft bleibend weiß; Stiel im Alter hohl.
Birken-Reizker, *L. torminosus,* S. 87

8(6). Hut nicht olivbräunlich, olivgrünlich od. graugrün **10**

– Hut olivbräunlich, olivgrünlich oder graugrün, zuweilen mit Schleimüberzug **9**

9. Hut olivbräunlich bis graugrünlich; Stiel oft grubig-fleckig; Lamellen blaßgelb; Pilz der Nadelwälder und unter Birken. **Tannen-Reizker,** *L. necator,* S. 86

– Hut grau- oder hellgrünlich, schleimig; Lamellen weiß, bei Verletzung sich graugrün verfärbend; Pilz der Buchenwälder. **Graugrüner Milchling,** *L. blennius,* S. 87

10(8). Hut lebhaft rotbraun, vertieft, aber in der Mitte mit kleinem spitzen Buckel; Milchsaft brennend scharf; nur in Nadelwäldern. **Rotbrauner Milchling,** *L. rufus,* S. 87

– Hut nicht rotbraun und anders gestaltet; Milch mild oder nur etwas bitter, aber nicht brennend scharf . . . **11**

11. Hut orange- bis gelbbraun, im Alter oft rissig, 6–16 cm im Durchm.; Lamellen bei Verletzung rasch braun fleckig; Fleisch von schwachem Heringsgeruch; nur im Laubwald.
Brätling, *L. volemus,* S. 89

– Hut lebhaft orangefarbig, meist mit spitzlichem Buckel, nur 3 bis 6 cm im Durchm.; Lamellen blaßrot; Fleisch ohne Heringsgeruch; im Laub- und Nadelwald.
Milder Milchling, *L. mitissimus,* S. 88

Register